全国建筑企业施工员（土建综合工长）岗位培训教材

建筑识图

孙沛平 编

中国建筑工业出版社

图书在版编目(CIP)数据

建筑识图/孙沛平编. —北京：中国建筑工业出版社，1997
全国建筑企业施工员（土建综合工长）岗位培训教材
ISBN 978-7-112-03376-8

Ⅰ. 建… Ⅱ. 孙… Ⅲ. 建筑制图-识图法-技术培训-教材
Ⅳ. TU204

中国版本图书馆 CIP 数据核字（97）第 22441 号

本书为施工员岗位培训教材之一。房屋建筑的基本知识和能看懂建筑施工图纸是参加建筑施工人员应该掌握的技术知识。本书主要内容包括：房屋的建筑组成，建筑施工图的概念，怎样看建筑总平面图，怎样看房屋的建筑图，怎样看房屋的结构图，怎样看结构构件图，怎样看构筑物施工图，怎样看建筑电气施工图，怎样看给排水和煤气管道施工图，怎样看采暖和通风工程图，建筑施工图的学习、审核及绘制施工图的知识等。

本书适用于参加工程建设施工的工人阅读。

全国建筑企业施工员（土建综合工长）岗位培训教材
建 筑 识 图
孙沛平 编

*

中国建筑工业出版社出版、发行（北京西郊百万庄）
各地新华书店、建筑书店经销
北京建筑工业印刷厂印刷

*

开本：787×1092毫米 1/16 印张：12 字数：292千字
1998年1月第一版 2012年8月第十八次印刷
定价：**17.00**元
ISBN 978-7-112-03376-8
（8521）

版权所有 翻印必究
如有印装质量问题，可寄本社退换
（邮政编码 100037）

出 版 说 明

　　1987年由城乡建设环境保护部建筑业管理局、城乡建设刊授大学组织编审，由中国建筑工业出版社出版的基层施工技术员（土建综合工长）岗位培训教材自出版以来，在建筑施工企业基层管理人员资格性岗位培训中，发挥了重要作用，为提高基层施工管理人员的素质作出了突出的贡献。但也存在一定的不足，特别是这套教材出版以来的九年中，我国经济建设发生了重大变化，科学技术日新月异。原来的教材已不适应建筑施工企业基层管理人员岗位培训的需要，也不符合1987年以来颁布的新法规、新标准、新规范，为此我司决定对基层施工技术员岗位培训教材进行修订或重新编写，并对教学计划和教学大纲进行了调整。

　　经修订或重新编写的这套教材，定名为全国建筑企业施工员（土建综合工长）岗位培训教材。它是根据经审定的大纲在总结前一套教材经验的基础上吸收广大读者、教师、工程技术人员在使用中的建议和意见，按照科学性、先进性、实用性、针对性、适当超前性和注重技能培训的原则，进行修订和编写的。部分教材作了较大的调整。

　　本套教材由三个部分组成，对于专业性、针对性强的课程，采用重新编写和修订出版的教材；一部分教材是指定教材，选用已经出版的中专或其他培训教材；对于通用性强的基础课程由各培训单位自行选用。

　　本套教材由建设部人事教育劳动司组织。在编写、出版过程中，各有关单位为保证教材质量和按期出版，作出了努力，谨向这些单位致以谢意。

　　希望各地在使用过程中提出宝贵意见，以便不断提高建筑企业施工员岗位培训教材的质量。

建设部人事教育劳动司
1997年6月

前 言

　　房屋建筑的基本构成和能看懂建筑施工图纸,是参加建筑施工应该掌握的技术知识。随着国家经济建设的发展,建筑工程的规模也日益扩大。但好多刚参加工程建设的人员,如建筑一线的工人、刚参加工程建设施工的同志,由于各种原因,对房屋建筑的构成不很熟悉,也不能看懂建筑施工图。由此希望能掌握房屋建筑的构成知识和看懂建筑施工图纸,尤其能看懂较复杂的施工图纸,学会这方面的技术,是大量建设队伍中的人员所要求的。

　　除了会看图纸,我们在本书中还介绍了看懂图纸后如何进行审核,以及学会如何绘图的一些方法。学会绘图也可以用图纸这种"技术语言"向工人(或高级工向低级工)进行交底,这都是很有用的。

　　为了适应以上一些人员的要求和组织培训,以尽快能掌握这门"技术",我们编写了本书。

　　由于建筑物是千姿百态的,建筑工程和施工也是千变万化的,而在本书中我们提供的例子是极有限的,同时也是较简单的,仅能起到掌握基本的构造知识和基本的看图方法,达到初步入门的作用。读者可结合工程上实际的施工图全貌,在看图中运用书中介绍的原理,并与工程技术人员一起学习讨论,逐步达到能看懂建筑施工图。只要刻苦学习、方法对头,我们认为学会看懂建筑施工图纸是不难的。

　　由于我们编写水平有限,书中的缺点在所难免,希望同行及读者指正。

目 录

第一章 房屋的建筑构成 ………………………………………………………… 1
    第一节 房屋的形成 …………………………………………………………… 1
    第二节 房屋建筑的类型 ……………………………………………………… 8
    第三节 房屋建筑构成概述 …………………………………………………… 10
    第四节 房屋建筑基础 ………………………………………………………… 14
    第五节 房屋骨架墙、柱、梁、板 …………………………………………… 16
    第六节 其他构件的构造 ……………………………………………………… 17
    第七节 房屋中门窗、地面和装饰 …………………………………………… 20
    第八节 水、电等安装 ………………………………………………………… 26
第二章 建筑施工图的概念 ……………………………………………………… 29
    第一节 什么是建筑施工图 …………………………………………………… 29
    第二节 图纸的形成 …………………………………………………………… 29
    第三节 建筑施工图的内容 …………………………………………………… 33
    第四节 建筑施工图上的一些名称 …………………………………………… 36
    第五节 建筑施工图上常用的图例 …………………………………………… 47
    第六节 看图的方法和步骤 …………………………………………………… 54
第三章 怎样看建筑总平面图 …………………………………………………… 57
    第一节 什么是建筑总平面图 ………………………………………………… 57
    第二节 怎样看建筑总平面图 ………………………………………………… 58
    第三节 根据总图到现场进行草测 …………………………………………… 59
    第四节 新建房屋的定位 ……………………………………………………… 59
第四章 怎样看房屋的建筑图 …………………………………………………… 61
    第一节 什么是建筑图 ………………………………………………………… 61
    第二节 民用建筑看图实例 …………………………………………………… 62
    第三节 工业厂房的看图实例 ………………………………………………… 68
    第四节 看建筑施工详图 ……………………………………………………… 74
第五章 怎样看房屋的结构图 …………………………………………………… 81
    第一节 什么是结构图 ………………………………………………………… 81
    第二节 看地质勘探图 ………………………………………………………… 82
    第三节 看基础施工图 ………………………………………………………… 84
    第四节 看主体结构施工图 …………………………………………………… 89
    第五节 建筑图和结构图的综合看图方法 …………………………………… 95
第六章 怎样看结构构件图 ……………………………………………………… 98
    第一节 构件图的一般概念 …………………………………………………… 98
    第二节 民用房屋结构的构件图 ……………………………………………… 99
    第三节 工业厂房的构件图 …………………………………………………… 104

第七章 怎样看构筑物施工图 117
第一节 构筑物的概念 117
第二节 看砖砌烟囱的施工图 118
第三节 看钢筋混凝土水塔施工图 121
第四节 看钢筋混凝土蓄水池的施工图 125
第五节 看料仓结构施工图 127

第八章 怎样看建筑电气施工图 132
第一节 电气施工图的一般概念 132
第二节 电气施工图例及符号 133
第三节 看电气外线图和系统图 139
第四节 看电气施工平面图 140
第五节 电气配件大样图 142

第九章 怎样看给排水和煤气管道施工图 144
第一节 什么是给排水施工图 144
第二节 给排水管道布置的总平面图 145
第三节 看给排水平面图和透视图 146
第四节 看煤气管道图 148
第五节 看给排水、煤气安装详图 150

第十章 怎样看采暖和通风工程图 155
第一节 采暖施工图的一般常识 155
第二节 看采暖外线图 158
第三节 看采暖平面及立管图 158
第四节 暖气施工详图 160
第五节 通风工程的概念 161
第六节 看通风管道的平、剖面图 163

第十一章 建筑施工图的学习和审核 166
第一节 学图、审图是施工准备中的重要一环 166
第二节 怎样学习和审核施工图 166
第三节 不同专业施工图之间的校对 175
第四节 图纸审核到会审的程序 177

第十二章 绘制施工图的知识 179
第一节 绘图需用的工具介绍 179
第二节 绘图的步骤 181

参考文献 184

第一章 房屋的建筑构成

第一节 房屋的形成

一、原始人群的住所

我们祖国是世界上历史悠久、文化发展最早的国家之一。从近半世纪内考古发现的原始社会人类居住的遗迹，说明从猿人开始是穴居于天然山洞之内的。如周口店发现的中国猿人居住的天然山洞，就是猿人集居最早的一处。

经过旧石器时代、中石器时代到达新石器时代后，在我国辽阔的地域上，大大小小的部落中，以仰韶文化的氏族，开始在黄河地带从事农业生产，出现了那时候的经济繁荣阶段。这时候居住也由山区走向平原，茂密的森林区域成了人类居住的又一场所。在实践中，人类逐步地、很自然地利用树木的枝干、茅草搭成挡风雨、遮日晒的居住窝棚。

根据《中国古代建筑史》所介绍的半坡村仰韶文化时期的住房有两种形式，一种是方形，一种是圆形。方形的多为浅穴，面积约 20m² 左右，最大的可达 40 多平方米。室内地面用草泥土铺平压实。圆形房屋一般建造在地面上，直径约有 4～6m，周围密排较细的木柱，柱与柱之间也用编织方法构成壁体，在那时就房屋的构造技术来说，已经属于积累了相当经验的结果。我们可以从图 1-1 及图 1-2，方、圆两类房屋复原想像图上看出。

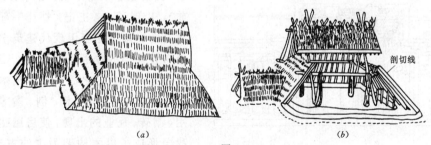

图 1-1
(a) 想像中的茅草穴居外观；(b) 想像中穴居剖视

可是我们不要忘记，那是上万年前人类的房屋，也是人类最早的房屋建筑吧！虽然那时是不会有什么建筑施工的图纸的，而人类的房屋也就是这么慢慢地发展形成起来的。

二、奴隶社会后的建筑

随着社会生产力的发展，社会文化的提高，房屋建筑也随之开始发展变化。我国的建筑同世界上其他古老国家一样，都具有悠久的历史。奴隶制的出现，也是人类大规模建筑活动开始之时。在生产工具方面以青铜器为主更利于砍、凿，因此石建筑是最早发展起来的建筑之一。我国巨石建筑遗迹有山东半岛北部和辽东半岛南部的海城、盖平等县的石棚；在古埃及皇帝的陵墓和神庙就用石材建造了，如至今闻名于世的埃及金字塔就是用重达几十吨的石块砌成的。图 1-3 就是那时候神庙大殿的形状，运用了无数石柱、石板构筑成高大

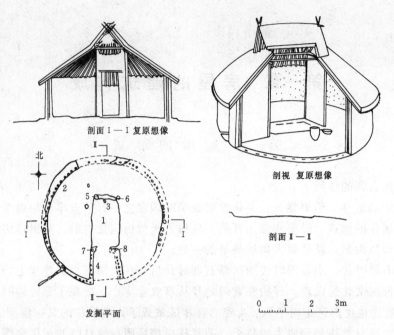

图 1-2　陕西西安半坡村原始社会圆形住房
1. 灶坑；2. 墙壁支柱炭痕；
3、4. 隔墙；5、8. 屋内支柱

的建筑。

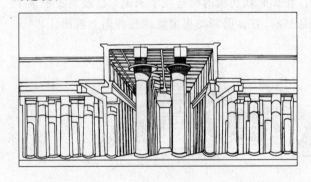

图 1-3　卡纳克阿蒙神庙大殿剖面

在劳动者经过了千百年的经验积累，我国在春秋时期（公元前 470 多年前），出现了《考工记》那样一部工程建设的文献（相当于现代建筑学或规划布置一类的技术文献资料）。当经济发展到封建社会之后，冶炼技术的发展，铁工具——斧、锯、刨、凿等的应用，制砖、瓦业的出现，使房屋建筑在我国形成了以木构架为主的古建筑。图 1-4、1-5 为根据考古研究想象复原的大建筑和民居建筑。

在我国古代建筑中最完备的建筑大全，是在北宋崇武年间（公元 1103 年），宋朝政府颁行的《营造法式》。这部文献包括了建筑构造、平面图、剖面图、构造详图以及各工种的施工规定。它也是我国历史上保留下来的最早的建筑施工图集和规范。人类在建筑发展实践中开始出现从实践到思维的产物——建筑施工图纸。如图 1-6 是那时比较正规的以图纸为依据的大建筑物。

三、近代的房屋建筑

在我国，于明、清建筑之后，由于西方文化的传入和影响，首先在大城市中开始营建与西方建筑相仿的房屋，形成我国自有的近代建筑。最初是以学校、医院、剧场等公共建筑开始，逐步发展到住宅、工厂等建筑。在新中国成立后，经济的发展，人民生活的提高，工业需要厂房，人们需要居住、娱乐、文化生活，建筑的多样化和数量的剧增是历史上空前未有的。随着改革开放的发展，高层建筑也在我国如雨后春笋般地出现。

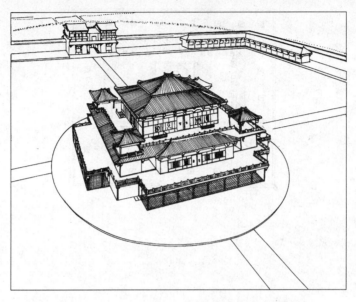

图1-4　汉长安南郊礼制建筑中心建筑复原图

干阑式住宅　　　　　　　日字形平面住宅　　　　　　三合式住宅

图1-5　古时住宅形式示意

由于建筑的发展，伴随着建筑的理论、建筑的设计、建筑的法规也应运而生。建筑理论是反映国家在建筑艺术、建筑结构上的水平；建筑设计则是由思维来形成图纸，以准备建造房屋；建筑法规是使建筑规范化的要求，使之保证房屋的合理、坚固、美观。建国以来我们在规范上已从开始制定到多次修订，有了一套我国自己的规范和接近世界水平的标准。

近代建筑的发展，也体现了一个国家的经济水平和经济实力。我国则是由低层、多层发展到高层的三个阶段，反映了我国的经济发展和建筑技术的提高和发展。

以下一些照片，都是不同年代的建筑造型，也反映了建筑的发展和进步。

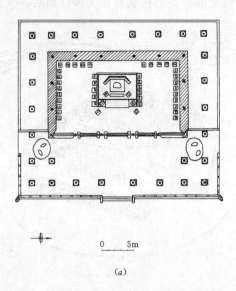

(a)

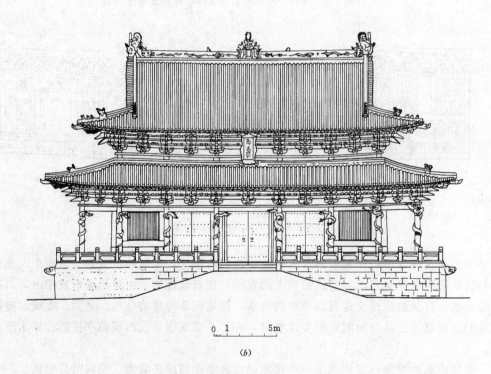

(b)

图 1-6 正规建筑物的平、立、剖面图（一）
(a) 建筑平面（祠殿）；(b) 建筑立面（祠殿）

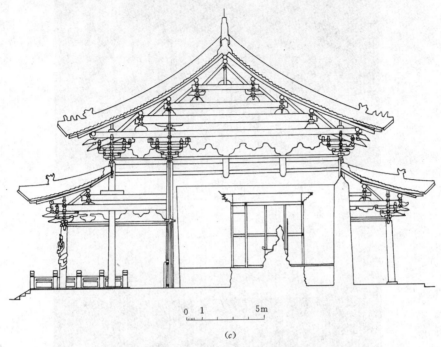

(c)

图 1-6 正规建筑物的平、立、剖面图（二）

(c) 建筑剖面（祠殿）

(a)

图 1-7 不同年代的建筑造型（一）

(a) 30 年代的民居（已经修缮一新）

(b)

(c)

(d)

图 1-7 不同年代的建筑造型（二）
(b) 30年代花园洋房式民居；(c) 五六十年代清水墙的教室楼；
(d) 五六十年代木屋架的住宅（阳台甚少）

图 1-8 70 年代的建筑

(a) 70 年代的办公楼；(b) 70 年代的住宅（单幢）

图 1-9 80 年代的建筑

(a) 80 年代的公共建筑；(b) 80 年代的住宅群

图 1-10 90 年代的建筑

(a) 90 年代高层公共建筑；(b) 90 年代高层旅游建筑

第二节 房屋建筑的类型

随着社会物质生产的发展，生活水平的提高，人们要求建造适合不同使用要求的房屋。

一、按建筑物使用性质分类

1. 工业建筑

它是供人们从事各种生产要求的房屋，它包括生产用厂房、辅助用房屋及构筑物。

（1）按生产性质和工艺不同可分为：冶金工业如炼钢厂、铸造厂；电力工业的发电厂、输配电构架；化学工业的化工厂、化肥厂、硫酸厂、溶剂厂、造漆厂等；纺织工业的纺纱厂、织布厂、丝绸厂；机械工业的机床厂、机械厂、金属加工厂等；建材工业的水泥厂、玻璃厂、陶瓷厂等。总之随着物质生产的发展，各种类型的厂房将会更多的出现，以适应工艺技术的要求。

（2）按生产上用途不同可分为生产用车间（或称厂房）、辅助用房，如仓库、变电所、锅炉房……以及生产上相应要求的构筑物如烟囱、水塔、冷却塔、栈桥、池、坑等等。

（3）按构造层次分为：单层工业厂房和多层工业厂房两大类。单层工业厂房大多用于重工业系统，如炼钢厂、造船厂、重型机械厂、发电厂等。多层工业厂房大多用于轻纺工业系统，如服装厂、食品加工厂、电子工业的装配车间等。

2. 民用建筑

民用建筑是供人们生活、文化娱乐、医疗、商业、旅游、交通、办公、居住等活动的房屋。根据用途不同，民用建筑详细大致可分为：

（1）居住建筑：住宅、宿舍，主要是供人们生活起居的房屋，也是建筑中最面广量大的房屋建筑。按层次又可分为单层、多层和高层建筑（国内规定8层以上，25m以上为高层）。

（2）办公楼建筑：主要供给政府机关、企业、事业单位办理工作的房屋。也有多层、高层的区别，目前高层的商住办公用房也大量出现。

（3）教学建筑：主要提供教学用的学校的教室、实验室、办公室等房屋。

（4）文化娱乐建筑：如剧院、会堂、图书馆、博物馆、文化馆、展览馆……等等，根据各自的需要，都有自身的建筑风采和造型、布局。

（5）体育类建筑：是提供人们进行体育活动的场所。它有体育场、体育馆、游泳馆、溜冰场（馆）、训练馆、室内球场等等，服务于体育运动的房屋建筑。它根据运动类型不同，房屋也具有不同的特色。

（6）商业建筑：主要是提供人们商品的建筑场所。它有商场、贸易市场、自选市场、饭店、饮食店，以及相配套的货仓、冷库等。

（7）旅游建筑：主要是宾馆、旅馆、招待所等主要供流动人员的住宿和生活的建筑。它也具有各自的使用要求和特色。

（8）医疗建筑：主要是医院、疗养院所需的各种房屋建筑。有急诊楼、门诊楼、住院楼等建筑。

（9）交通、邮电类建筑：像候机楼、火车站、汽车站、码头、客船航运站、邮电大楼、电话局、电报局等，用于交通、通讯的人与物交流、集散的房屋建筑。

(10) 其他建筑：属于非生产性的民用建筑，按其使用要求不同，实在太多了，即使分类也难以包全。其他的建筑如在司法、公安方面使用的特殊建筑；市政公共设施使用的房屋如加油站、煤气站、消防站、公共厕所等等都是不易分类的。所以房屋是千变万化的，我们看施工图时也是先要弄清房屋的性质，才能弄清它的构造原因。

3. 农业建筑

这是供人们进行农牧业需要的建筑。它有种植、养殖、畜牧、贮存等功能的要求。如温室、种子库、养鸡场、畜舍、粮仓等。农业建筑随着农业和农业科技的发展，将来也必将出现更多的房屋。

4. 科学实验建筑

随着科学技术的发展，除了一般科学研究用房外，而作为科学实验需要的建筑亦日益增多，如大型天文台、高能物理研究试验室、小型原子实验反应堆、计算机站等都是根据特殊使用要求建造的，在科学技术不断发展的今天，该类建筑列为独特的建筑类型是必要的。

二、按建筑物的结构类型和材料分类

1. 砖木结构房屋

它主要是用砖石和木材来建造房屋的。其构造可以是木骨架承重、砖石砌成围护墙，如老的民居、古建筑；也可以用砖墙、砖柱承重的木屋架结构，如50年代初期的民用房屋。

2. 砖混结构房屋

主要由砖、石和钢筋混凝土组成。其构造是砖墙、砖柱为竖向构件，受竖向荷重；钢筋混凝土做楼板、大梁、过梁、屋架等横向构件，搁在墙、柱上。这是我国目前建造量最大的房屋建筑。

3. 钢筋混凝土结构房屋

该类房屋的构件如梁、柱、板、屋架等都用钢筋和混凝土两大材料构成的。目前多层的工业厂房、商场、办公楼大多用它建造。过去的单层工业厂房基本上都用它建成。

4. 钢结构的房屋

主要结构构件都是用钢材——型钢构造建成的，如大型的工业厂房及目前一些轻型工业的厂房都是钢结构的，又如上海宝钢的大多数厂房的柱、梁、板、墙都是钢材；近年建筑的高层大厦如深圳的地王大厦、上海的金茂大厦都是钢结构为骨架的超高层大楼。

三、按建筑物承重受力方式分类

1. 墙承重的结构形式的房屋

用墙体来承受由屋顶、楼板传来的荷载的房屋，我们称为墙承重受力建筑。如目前大多的砖混结构的住宅、办公楼、宿舍；高层建筑中剪力墙式房屋，墙所用材料为钢筋和混凝土，而承重受力的是钢筋混凝土的墙体。

2. 构架式承重结构的房屋

构架，实际上是由柱、梁等构件做成房屋的骨架，由整个构架的各个构件来承受荷重。这类房屋有古式的砖木结构，由木柱、木梁等组成木构架承受屋面等传来的荷重；有现代建筑的钢筋混凝土框架或单层工业厂房的排架组成房屋的骨架来承受外来的各种荷重；有用型钢材料构成的钢结构骨架建成房屋来承受外来的各种荷重。

3. 筒体结构或框架筒体结构骨架的房屋

该类房屋大多为高层建筑和超高层建筑。它是房屋的中心由一个刚性的筒体（一般由钢筋混凝土做成）和外围由框架或更大的筒体构成房屋受力的骨架。这种骨架体系是在高层建筑出现后，逐步发展形成的。

4. 大空间结构承重的房屋

该类房屋建筑往往中间没有柱子，而通过网架等空间结构把荷重传到房屋四周的墙、柱上去。这类房屋如体育馆、游泳馆、大剧场等。

四、按建筑物的层次分类

1. 低层建筑

一般指层数在 1~3 层的房屋，大多为住宅、别墅、小型办公楼、托儿所等。

2. 多层建筑

一般指 4~7 层的房屋，大多为住宅、办公用房等。

3. 高层建筑

主要为 8 层及 8 层以上，高层的高度在 25~50m 称为第一类（属于高层中的最低档）。

当层数在 17~25 层，最高达 75m 时，称为第二类（属于中档高层建筑）。

当层数在 26~40 层时，最高达 100m 高时，称为第三类。

当层数在 40 层以上，高度超过 100m 高时，称为超高层建筑，属于高层建筑中的第四类，是高层建筑中的最高层次。目前世界上已建成高度在 500m 以上的高层建筑了，建这么高的建筑除了要有经济实力，还要有这方面的结构理论和建筑施工的技术。

第三节　房屋建筑构成概述

一、房屋的构成和考虑因素

不论工业建筑或民用建筑，房屋一般由以下这些部分组成：基础（或有地下室）、主体结构（墙、柱、梁、板或屋架等）、门窗、屋面（包括保温、隔热、防水层或瓦屋面）、楼面和地面（地面和楼面的各层构造，也包括人流交通的楼梯），及各种装饰。除了以上六个部分外，人们为了生活、生产的需要还要安装上给水、排水、动力、照明、采暖和空调等系统，如为高层或高档建筑还要配置电梯。在有条件的城市住宅还要配置煤气系统提供生活需要。图 1-11 及图 1-12 就是一栋单层工业厂房和住宅的大致构造图，提供读者参考。

房屋构造上要考虑各种影响使用的因素，才能保证房屋安全、长期、正常的使用。所以在进行房屋的设计和建造时，必须考虑这些因素，采取各种措施来达到。

要考虑的因素主要如下：

1. 房屋受力上的作用

房屋受力上的作用是指房屋整个主体结构在受到外力后，能够保持稳定，无不正常变形，无结构性裂缝，能承受该类房屋所应受的各种力。在结构上把这些力称为荷载。荷载又分为永久荷载（亦称恒载）和可变荷载（亦称活荷载），有的还要考虑偶然荷载。

永久荷载是指房屋本身的自重，及地基给房屋土反力或土压力。

可变荷载是指在房屋使用中人群的活动、家具、设备、物资、风压力、雪荷载等等一些经常变化的荷载。

偶然荷载如地震、爆炸、撞击等非经常发生的，而且时间较短的荷载。

2. 自然界给予的影响因素

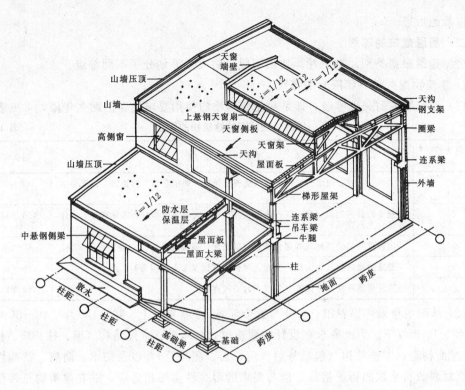

图 1-11 工业厂房的建筑构成

房屋是建造在大自然的环境中，它必然受到日晒、雨淋、冰冻、地下水、热胀、冷缩等影响。因此在设计和建造时要考虑温度伸缩、地基压缩下沉、材料收缩、徐变。采取结构、构造措施，以及保温、隔热、防水、防温度变形的措施。从而避免由于这些影响而引起房屋的破坏，保证房屋的正常使用。

3. 各种人为因素的影响

在人们从事生产、生活、工作、学习时，也会产生对房屋的影响。如机械振动、化学腐蚀、装饰时拆改、火灾及可能发生的爆炸和冲击。为了防止这些有害影响，房屋设计和建造时要在相应部位采取防振、防腐、防火、防爆的构造措施，并对不合理的装饰拆改提出警告。

因此房屋构造在设计和施工中，都应防止这些不利的影响因素，做好工作。如受力上，设计和施工必须保证工程质量；自然和人为影响上，设计必须采取措施，施工必须按图施工，并保证施工质量；进行装饰时，防止乱拆乱改，物业管理单位必须提出警告，对使用单位或人员，必须提高这方面的知

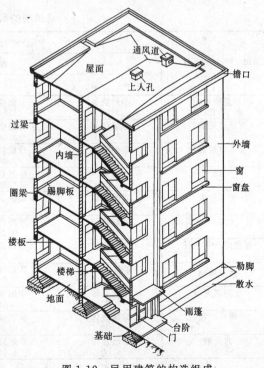

图 1-12 民用建筑的构造组成

识，以杜绝后患。

二、房屋建筑的等级

房屋建筑根据类别、重要性、使用年限、防火性等划分了不同等级。

1. 建筑物耐久性（年限）的等级

（1）建筑物的耐久性等级，即是根据建筑物的使用要求确定的耐久年限，可见表 1-1。

按耐久性规定的建筑物的等级　　　　　　　　　表 1-1

建筑物的等级	建筑物的性质	耐久年限
1	具有历史性、纪念性、代表性的重要建筑物（如纪念馆、博物馆、国家会堂等）	100 年以上
2	重要的公共建筑（如一级行政机关办公楼、大城市火车站、国际宾馆、大体育馆、大剧院等）	50 年以上
3	比较重要的公共建筑和居住建筑（如医院、高等院校以及主要工业厂房等）	40～50 年
4	普通的建筑物（如文教、交通、居住建筑以及工业厂房等）	15～40 年
5	简易建筑和使用年限在 5 年以下的临时建筑	15 年以下

（2）从耐久年限可以看出，它分为五个等级，100 年以上、50～100 年、40～50 年、15～40 年、15 年以下。为此要求在设计和建造时，对基础、主体结构（墙、柱、梁、板、屋架）、屋面构造、围护结构（包括外墙、门、窗、屋顶等），以及防水、防腐、抗冻性所用的建筑材料或所采取的防护措施，应与要求的耐久性年限相适应，并在建筑物正常使用期间，定期检查和采取防护维修措施，以达到确保耐久年限的要求。

2. 建筑物的耐火等级

（1）建筑物的耐火等级分为四级，见表 1-2。

建筑物的耐火等级　　　　　　　　　表 1-2

构 件 名 称	燃烧性能和耐火极限（小时）			
	耐 火 等 级			
	一 级	二 级	三 级	四 级
承重墙和楼梯间的墙	非燃烧体 3.00	非燃烧体 2.50	非燃烧体 2.50	难燃烧体 0.50
支承多层的柱	非燃烧体 3.00	非燃烧体 2.50	非燃烧体 2.50	难燃烧体 0.50
支承单层的柱	非燃烧体 2.25	难燃烧体 2.00	非燃烧体 2.00	燃烧体
梁	非燃烧体 2.00	非燃烧体 1.50	非燃烧体 1.00	难燃烧体 0.50
楼 板	非燃烧体 1.50	非燃烧体 1.00	难燃烧体 0.50	难燃烧体 0.25
吊顶（包括吊顶搁栅）	非燃烧体 0.25	难燃烧体 0.25	非燃烧体 0.15	燃烧体
屋顶的承重构件	非燃烧体 1.50	非燃烧体 0.50	燃烧体	燃烧体
疏散楼梯	非燃烧体 1.50	非燃烧体 1.00	非燃烧体 1.00	燃烧体
框架填充墙	非燃烧体 1.00	非燃烧体 0.50	非燃烧体 0.50	难燃烧体 0.25
隔 墙	非燃烧体 1.00	非燃烧体 0.50	难燃烧体 0.50	难燃烧体 0.25
防火墙	非燃烧体 4.00	非燃烧体 4.00	非燃烧体 4.00	非燃烧体 4.00

注：以木柱承重且以非燃烧材料作为墙体的建筑物，其耐火等级应按四级考虑。

(2) 其表中燃烧性能是指建筑构件在明火或高温的作用下，燃烧的难易程度。它可分为非燃烧体、难燃烧体、燃烧体三类。

1) 非燃烧体：在空气中受到火烧或高温作用时不起火、不微燃、不碳化的材料，如石材、砖、瓦、混凝土等。

2) 难燃烧体：在空气中受到火烧或高温作用时，难起火、难微燃、难碳化，当火源脱离后即停止燃烧的材料，如沥青混凝土。

3) 燃烧体：指在空气中受到火烧或高温作用时，容易起火或微燃，且火源脱离后，仍继续燃烧或微燃的材料，如木材、塑料、布料等。

(3) 耐火极限：是指建筑构件遇火后能支承荷载的时间。即从起火燃烧到房屋失掉支承能力，或发生穿透性裂缝，或其背面温度升高到220℃以上时，所需要的时间。

3. 建筑物重要性等级

建筑物按其重要性和使用要求分成五等，为特等、甲等、乙等、丙等、丁等（见表1-3）。

建 筑 重 要 性 等 级　　　　　　　表1-3

等　级	适 用 范 围	建 筑 类 别 举 例
特　等	具有重大纪念性、历史性、国际性和国家级的各类建筑	国家级建筑：如国宾馆、国家大剧院、大会堂、纪念堂、国家美术、博物、图书馆；国家级科研中心、体育、医疗建筑等 国际性建筑：如重点国际教科文建筑、重点国际性旅游贸易建筑、重点国际福利卫生建筑、大型国际航空港等
甲　等	高级居住建筑和公共建筑	高等住宅：高级科研人员单身宿舍；高级旅馆、部、委、省、军级办公楼；国家重点科教建筑、省、市、自治区级重点文娱集会建筑、博览建筑、体育建筑、外事托幼建筑、医疗建筑、交通邮电类建筑、商业类建筑等
乙　等	中级居住建筑和公共建筑	中级住宅：中级单身宿舍；高等院校与科研单位的科教建筑；省、市、自治区级旅馆；地、师级办公楼；省、市、自治区级一般文娱集会建筑、博览建筑、体育建筑、福利卫生类建筑、交通邮电类建筑、商业类建筑及其它公共类建筑等
丙　等	一般居住建筑和公共建筑	一般住宅、单身宿舍、学生宿舍、一般旅馆、行政企事业单位办公楼、中、小学教学建筑、文娱集会建筑、一般博览、体育建筑、县级福利卫生建筑、交通邮电建筑、一般商业及其他公共建筑等
丁　等	低标准的居住建筑和公共建筑	防火等级为四级的各类建筑，包括：住宅建筑、宿舍建筑、旅馆建筑、办公楼建筑、科教建筑、福利卫生建筑、商业建筑及其他公共类建筑等

三、房屋受荷载后的传递

房屋建筑按结构构造建成之后，它所受荷载由屋顶、楼层，通过板、梁、柱和墙传到基础，再传给地基。我们可以从图1-13及1-14，进行了解。这对我们懂得房屋构造及从看施工图中，了解到这些构件的作用。

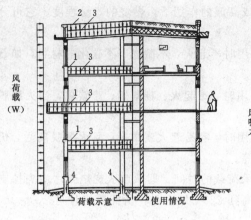
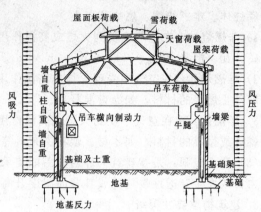

图 1-13　多层砖混建筑荷载传递示意图
1—楼面活荷载；2—雪荷载式施工（检修）荷载；
3—楼盖（屋盖）自重；4—墙身自重

图 1-14　单层工业厂房结构主要荷载传递示意图

第四节　房屋建筑基础

基础是房屋中传递建筑上部荷载到地基去的中间构件。房屋所受的荷载和结构形式不同，加上地基土的不同，所采用的基础也不相同。

按照构造形式不同一般分为：

一、条形基础

该类基础适用于砖混结构房屋，如住宅、教学楼、办公楼等多层建筑。做基础的材料可以是砖砌体、石砌体、混凝土材料、以至钢筋混凝土材料，基础的形状为长条形（见图1-15）。

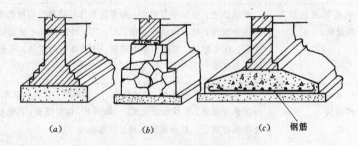

图 1-15　条形基础
(a) 砖基础；(b) 毛石基础；(c) 混凝土基础

二、独立基础

该种基础一般用于柱子下面，一根柱子一个基础，往往单独存在，所以称为独立基础。它可以用砖、石材料砌筑而成，上面为砖柱形式；而大多用钢筋混凝土材料做成，上面为钢筋混凝土柱或钢柱。基础形状为方形或矩形，可见图1-16。

三、整体式筏式基础

这种基础面积较大，多用于大型公共建筑下面，它由基板、反梁组成，在梁的交点上竖立柱子，以支承房屋的骨架，其外形可看图 1-17。

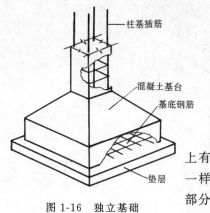

图 1-16 独立基础

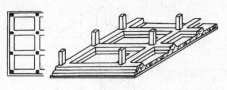

图 1-17 筏式基础示意

四、箱形基础

箱形基础也是整块的大型基础，它是把整个基础做成上有顶板，下有底板，中间有隔墙，形成一个空间如同箱子一样，所以称为箱形基础。为了充分利用空间，人们又把该部分做成地下室，可以给房屋增添使用场所。箱形基础的大致形状可看图 1-18。

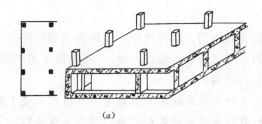

(a)

(b)

图 1-18 箱形基础

(a) 箱基础示意；(b) 施工中的箱形基础外观

五、桩基础

桩基础是在地基条件较差时，或上部荷载相对大时采用的房屋基础。桩基础由一根根桩打入土层；或钻孔后放钢筋再浇混凝土做成。打入的桩可用钢筋混凝土材料做成，也可用型钢或钢管做成。桩的部分完成后，在其上做承台，在承台上再立柱子或砌墙，支承上部结构。桩基形状可参看图 1-19。

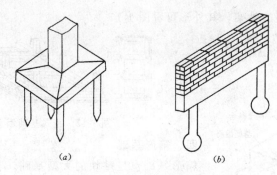

图 1-19 桩基
(a) 独立柱下桩基；(b) 地梁下桩基

第五节 房屋骨架墙、柱、梁、板

一、墙体的构造

墙体是在房屋中起受力作用、围护作用、分隔作用的构件。

墙在房屋上位置的不同可分为外墙和内墙。外墙是指房屋四周与室外空间接触的墙；内墙是位于房屋外墙包围内的墙体。

按照墙的受力情况又分为承重墙和非承重墙。凡直接承受上部传来荷载的墙，称为承重墙；凡不承受上部荷载只承受自身重量的墙，称为非承重墙。

按照所用墙体材料的不同可分为：砖墙、石墙、砌块墙、轻质材料隔断墙、玻璃幕墙等。

墙体在房屋中的构造可参看图1-20。

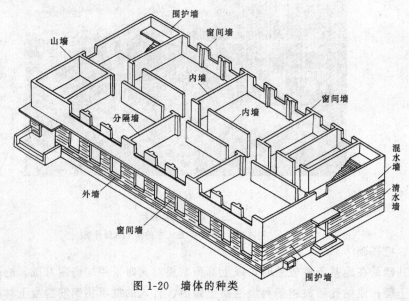

图 1-20 墙体的种类

二、柱、梁、板的构造

柱子是独立支撑结构的竖向构件。它在房屋中顶住梁和板这两种构件传来的荷载。

梁是跨过空间的横向构件。它在房屋中承担其上的板传来的荷载，再传到支承它的柱上。

板是直接承担其上面的平面荷载的平面构件。它支承在梁上或直接支承在柱上，把所受的荷载再传给梁或柱子。

柱、梁和板，可以是预制的，也可以在工地现制。装配式的工业厂房，一般都采用预制好的构件进行安装成骨架，如前面图1-11所示；而民用建筑中砖混结构的房屋，其楼板往往用预制的多孔板；框架结构或板柱结构则往往是柱、梁、板现场浇制而成。它们的构造形式可见图1-21、1-22、1-23。

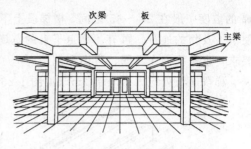

图1-21 肋形楼盖

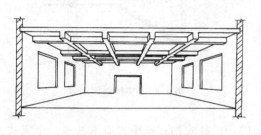

图1-22 井式楼盖透视

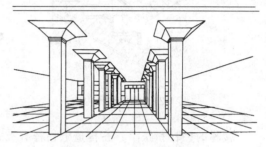

图1-23 无梁楼盖透视

第六节 其他构件的构造

房屋中在构造上除了上述的那些主要构件外，还有其他相配套的构件如楼梯、阳台、雨篷、屋架、台阶等。

一、楼梯的构造

楼梯是供人们在房屋中楼层间竖向交通的构件。它是由梯段、休息平台、栏杆和扶手组成（可见图1-24）。

楼梯的休息平台及梯段支承在平台梁上。楼梯踏步又有高度和宽度的要求，踏步上还要设置防滑条。楼梯踏步的高和宽按下面公式计算：$2h+b=600\sim610mm$

式中 h——踏步的高度；

b——踏步的宽度。

图形可见图1-25。其高宽的比例根据建筑使用功能要求不同而不同。一般住宅的踏步高为156～175mm，宽为250～300mm；办公楼的踏步高为140～160mm，宽为280～300mm；而幼儿园的踏步则高为120～150mm，宽为250～280mm。

楼梯在结构构造上分为板式楼梯和梁式楼梯两种。在外形上分为单跑式、双跑式、三跑式和螺旋形楼梯。楼

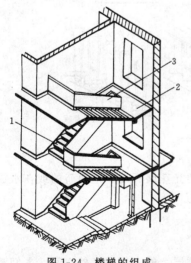

图1-24 楼梯的组成
1—楼梯段；2—休息平台；
3—栏杆或栏板

梯的坡度一般在 20°～45°之间。楼梯段上下人处的空间,最少处应大于或等于 2m,这样才便于人及物的通行。再有,休息平台的宽度不应小于梯段的宽度。这些都是楼梯这构件的要求,也是我们在看图、审图和制图时应了解的知识。

梯段通行处应大于等于 2m（见图 1-26）。

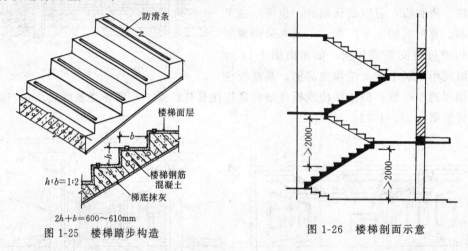

图 1-25　楼梯踏步构造　　　　　图 1-26　楼梯剖面示意

楼梯的栏杆和扶手：在构造上栏杆有板式的，栏杆式的；扶手则有木扶手、金属扶手等（可参阅图 1-27）。栏杆和扶手的高度除幼儿园可低些，其他都应高出梯步 90cm 以上。

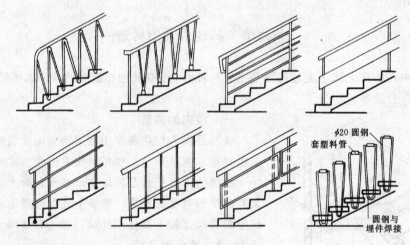

图 1-27　栏杆的形式

楼梯的踏步可以做成木质的、水泥的、水磨石的、磨光花岗石的、地面砖的或在水泥面上铺地毯的。

以上就是楼梯的一般构造。

二、阳台的构造

阳台在住宅建筑中是不可缺少的构件。它是居住在楼层上的人们的室外空间。人们有了这个空间可以在其上晒晾衣服、种植盆景、乘凉休闲，也是房屋使用上的一部分。阳台分为挑出式和凹进式两种，一般以挑出式为好。目前挑出部分用钢筋混凝土材料做成，它由栏杆、扶手、排水口等组成。图 1-28 是一个挑出阳台的侧面形状。

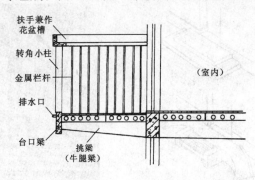

图 1-28 阳台（剖面）

三、雨篷的构造

雨篷是房屋建筑入口处遮挡雨雪、保护外门免受雨淋的构件。雨篷大多是悬挑在墙外的，一般不上人。它由雨篷梁、雨篷板、挡水台、排水口等组成，根据建筑需要再做上装饰。

图 1-29，是一个雨篷的断面外形。

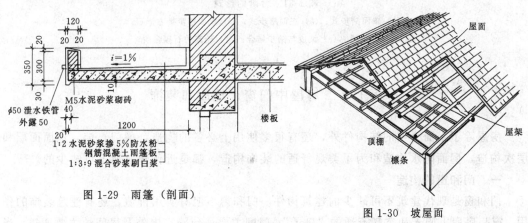

图 1-29 雨篷（剖面）　　　　　　图 1-30 坡屋面

四、屋架和屋盖构造

民用建筑中的坡形屋面和单层工业厂房中的屋盖，都有屋架构件。屋架是跨过大的空间（一般在 12～30m）的构件，承受屋面上所有的荷载，如风压、雪重、维修人的活动、屋面板（或檩条、椽子）、屋面瓦或防水、保温层的重量。屋架一般两端支承在柱子上或墙体和附墙柱上。工业厂房的屋架可参看前面的图 1-11，民用建筑坡屋面的屋架及构造可看图 1-30。

五、台阶的构造

台阶是房屋的室内和室外地面联系的过渡构件。它便于人们从大门口出入。台阶是根据室内外地面的高差做成若干级踏步和一块小的平台。它的形式有如图 1-31 所示的几种。

台阶可以用砖砌成后做面层，可以用混凝土浇制成，也可以用花岗石铺砌成。面层可以做成最普通的水泥砂浆，可做成水磨石、磨光花岗石、防滑地面砖和斩细的天然石材。

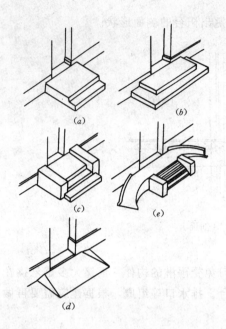 

图 1-31 台阶的形式
(a) 单面踏步式；(b) 三面踏步式；(c) 单面踏步带方形石；
(d) 坡道；(e) 坡道与踏步结合；(f) 较高的石砌台阶

第七节 房屋中门窗、地面和装饰

房屋除了上面介绍的结构件外，还有很多使用上必备的构造，像门、窗，地面面层和层次构造，屋面防水构造和为了美观舒适的装饰构造，都是近代建筑所不可缺少的。

一、门和窗的构造

门和窗是现代建筑不可缺少的建筑构件。门和窗不但有实用价值，还有建筑装饰的作用。窗是房屋上阳光和空气流通的"口子"；门则主要是分隔室内外及房间的主要通道，当然也是空气和阳光要经过的通道"口子"。门和窗在建筑上还起到围护作用，起到安全保护、隔声、隔热、防寒、防风雨的作用。

门和窗按其所用材料的不同分为：木门窗、钢门窗、钢木组合门窗、铝合金门窗、塑料或塑钢门窗，还有贵重的铜门窗和不锈钢门窗，以及用玻璃做成的无框厚玻璃门窗等等。

门窗构件与墙体的结合是：木门窗用木砖和钉子把门窗框固定在墙体上，然后用五金件把门窗扇安装上去；钢门窗是用铁脚（燕尾扁铁联结件）铸入墙上预留的小孔中，固定住钢门窗，钢门窗扇是钢铰链用铆钉固定在框上；铝合金门窗的框是把框上设置的安装金属条，用射钉固定到墙体上，门扇则用铝合金铆钉固定在框上，窗扇目前采用平移式为多，安装在框中预留的滑框内；塑料门窗基本上与铝合金门窗相似。其他门窗也都有它们特定的办法和墙体相联结。

门窗按照形式可以分为：夹板门、镶板门、半截玻璃门、拼板门、双扇门、联窗门、推拉门、平开大门、弹簧门、钢木大门、旋转门等；窗有平门窗、推拉窗、中悬窗、上悬窗、下悬窗、立转窗、提拉窗、百叶窗、纱窗等等。

根据所在位置不同，门有：围墙门、栅栏门、院门、大门（外门）、内门（房门、厨房门、厕所门）、还有防盗门等；窗有外窗、内窗、高窗、通风窗、天窗、"老虎"窗等。

以单个的门窗构造来看，门有门框、门扇。框又分为上冒头、中贯档、门框边梃等。门扇由上冒头、中冒头、下冒头、门边梃、门板、玻璃芯子等构成（可参看图1-32）。

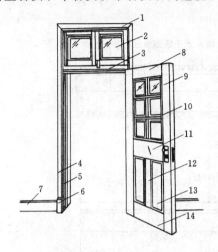

图1-32 木门的各部分名称
1—门樘冒头；2—亮子；3—中贯档；4—贴脸板；5—门樘边梃；6—墩子线；7—踢脚板；8—上冒头；9—门梃；10—玻璃芯子；11—中冒头；12—中梃；13—门肚板；14—下冒头

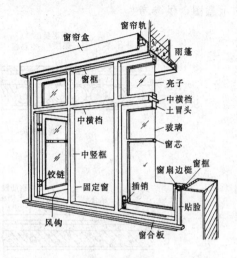

图1-33 窗的组成

窗由窗框、窗梃、窗框上冒头、中贯档、下冒头及窗扇的窗扇梃、窗扇的上、下冒头和安装玻璃的窗楞构成（可参看图1-33）。

二、楼面和地面层次的构造

楼面和地面是人们生活中经常接触行走的平面，楼地面的表层必须清洁、光滑。在人类开始时，地面就是压实稍平的土地；在烧制砖瓦后，开始用砖或石板铺地；近代建筑开始用水泥地面，而到目前地面的种类真是不胜枚举。

地面的构造必须适合人们生产、生活的需要。楼面和地面的构造层次一般有：

基层：在地面，它的基层是基土，在楼层，它的基层是结构楼板（现浇板或多孔预制板）。

垫层：在基层之上的构造层。地面的垫层可以是灰土或素混凝土，或两者的叠加；在楼面可以是细石混凝土。

填充层：在有隔声、保湿等要求的楼面则设置轻质材料的填充层，如水泥蛭石、水泥炉渣、水泥珍珠岩等。

找平层：当面层为陶瓷地砖、水磨石及其他，要求面层很平整的，则先要做好找平层。

面层和结合层：面层是地面的表层，是人们直接接触的一层。面层是根据所用材料不同而定名的。

水泥类的面层有：水泥混凝土面层、水泥砂浆面层、水磨石面层、水泥石子无砂面层、水泥钢屑面层等。

块材面层有：条石面层、缸砖面砖、陶瓷地砖面层、陶瓷锦砖（马赛克）面层、大理石面层、磨光花岗石面层、预制水磨石块面层、水泥花砖和预制混凝土板面层等等。

其他面层如有：木板面层（即木地板）、塑料面层（即塑料地板）、沥青砂浆及沥青混凝土面层、菱苦土面层、不发火（防爆）面层等等。

面层必须在其下面的构造层次做完后，才能去做好。图1-34，为楼面和地面构造层次的示意图，供参考。

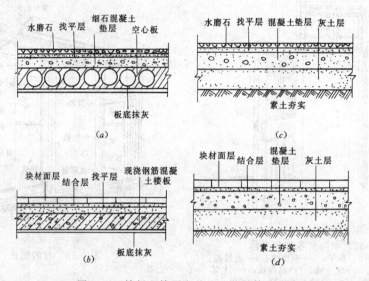

图1-34 楼板上楼面和基土上地面构造形式

三、屋盖及屋面防水的构造

目前的房屋建筑屋盖系统，一般分为两大类。一种是坡屋顶，一种是平屋顶。坡屋顶通常为屋架、檩条、屋面板和瓦屋面组成；平屋顶则是在屋面平板上做保温层、找平层、防水层，无保温层的也可做架空隔热层。

屋盖在房屋中是顶部围护构造，它起到防风雨、日晒、冰雪，并起到保温、隔热作用；在结构上它也起到支撑稳定墙身的作用。

1. 坡屋顶的构造

坡屋顶即屋面的坡度一般大于15°，它便于倾泻雨水，对防雨排水作用较好。屋面形成

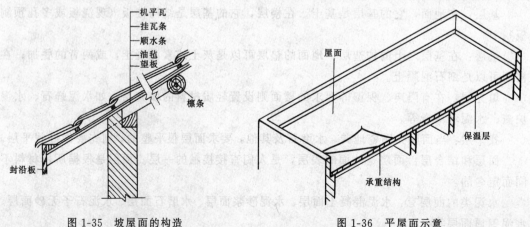

图1-35 坡屋面的构造　　　　　图1-36 平屋面示意

坡度可以是硬山搁檩或屋架的坡度等造成。它的构造层次为：屋架、檩条、望板（或称屋面板）、油毡、顺水条、挂瓦条、瓦等。可见图 1-35 所示剖面。

2. 平屋顶的构造

所谓平屋顶即屋面坡度小于 5% 的屋顶。当前主要由钢筋混凝土屋顶板为构造的基层，其上可做保温层（如用水泥珍珠岩或沥青珍珠岩），再做找平层（用水泥砂浆），最后做防水层。防水层又分为刚性防水层、卷材防水层和涂膜防水层三种，其屋面的构造和细部防水层做法可参看图 1-36，1-37。

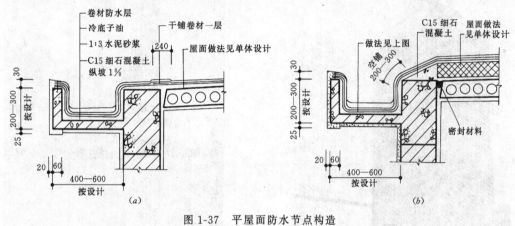

图 1-37 平屋面防水节点构造
(a) 无保温屋顶；(b) 有保温屋顶

四、房屋内外的装饰和构造

装饰是增加房屋建筑的美感，也是体现建筑艺术的一种手段。犹如人们得体的美容和服饰一样，在现代建筑中装饰将不可缺少。

装饰分为外装饰和室内装饰。外装饰是对建筑的外部，如墙面、屋顶、柱子、门、窗、勒脚、台阶等表面进行美化；内装饰是在房屋内对墙面、顶棚、门、窗、卫生间、内庭院等进行建筑美化。

1. 墙面的装饰

当前外墙面的装饰有涂料，在做好的各种水泥线条的墙上涂以相应的色彩，增加美观；大多现在是用饰面材料进行装饰，如用墙面砖、锦砖、大理石、花岗石等；还有风行一时的玻璃幕墙利用借景来装饰墙面。

内墙面一般装饰以清洁、明快为主，最普通的是抹灰加涂料，或抹灰后贴墙纸；较高级一些的是做石膏墙面或木板、胶合板装饰。

墙面的装饰构造层次可看图 1-38。

2. 屋顶的装饰

屋顶的装饰，最好说明的是我国的古建筑，它飞檐、戗角，高屋建瓴的脊势给建筑带来庄重和气派。现代建筑中的女儿墙、大檐子、空架式的屋顶

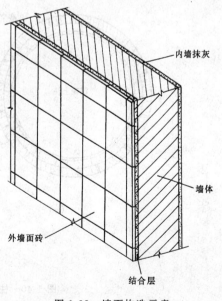

图 1-38 墙面构造示意

装饰构造,也给建筑增添不少情趣。

图1-39是当前建筑屋顶装饰的一种形式。

(a)

(b)

图1-39 建筑屋顶装饰
(a)屋顶上水箱用球形装饰;(b)高层的屋顶也做成尖顶的装饰

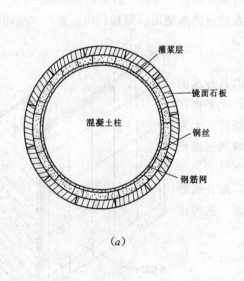
(a)

图1-40 柱子外包大理石的联结方法
(a)柱子包板材石面装饰构造;(b)混凝土柱子外面装饰石板饰面

3. 柱子的装饰构造

如果柱的外观是毛坯的混凝土,不会给人带来美感,当它在外面包上一层镜面不锈钢的面层,就会使人感到新颖。当然柱子的外层可以用各种方法装饰得美观,但在构造主要要靠与结构的联结。才能保证长期良好的使用。图1-40,是柱子外包大理石的联结方法。

4. 勒脚和台阶

勒脚和台阶相当多的采用石材,并在外面进行装饰,达到稳重、庄严的效果(可见图1-41)。

5. 顶棚的装饰构造

人们在对平板的顶棚不感兴趣后,开始对它设想成立体的、多变的并增加线条,用石膏粘贴花饰和做成重叠的顶棚,达到装饰效果(可从图1-42体会到)。

图1-41 高台阶的高勒脚

6. 门、窗的装饰

在门窗的外圈加以修饰,使门窗的立体感更强,再在门窗的选形上,本身在花饰上增加线条或图案,也起到装饰效果。这些都是房屋建筑装饰的一个部分。

7. 其他的装饰构造

为了室内适用和美观,往往要做些木质的墙裙、木质花式隔断,为采光较好一些隔断做成铝合金骨架装透光不见形的玻璃,有些公共建筑走廊为了增添些花饰在廊柱之间做些中国古建中的挂落等。总之室内、外为了增添建筑外观美和实用性出现的各种装饰造型,这在今后建筑中将会不断增加。在这里说明一下,以便读者了解。下面图1-43、1-44为花式隔断及挂落的形式。

图1-42 石膏制作凹凸形吊顶装饰

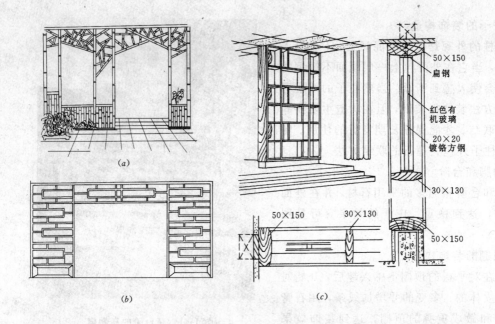

图 1-43 竹、木花格空透式隔断示例
(a) 竹花格隔断；(b) 木花格隔断；(c) 木花格隔断的构造

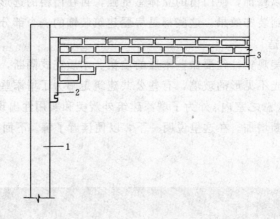

图 1-44 挂落安装示意
1—柱；2—抱柱；3—挂落

第八节 水、电等安装

完整的房屋建筑必须具备给、排水，电气，暖卫，乃至空调、电梯等。

一、电气的构造

在房屋中，入户必须有配电箱，通过配电箱出来的线路（线路分为明线和暗线，暗线是埋置于墙、柱内的）输送到各个配电件上。配电件有灯座、插销、开关、接线匣等，还有直接送到一些设备、动力上的闸刀开关上。这些构造在房屋中是不可缺少的。

二、给水系统的构造

给水即俗称的"自来水",从城市管道分支进入房屋。它的构造是进屋前有水表(水表要放置于水表井中);入户主管、分管,根据用量的大小管子直径不同,供水管分立管和水平管,供水管上的构造有管接、三通、弯头、丝堵、阀门、分水表、单向阀等,形成供水系统,供至使用地点的阀门处(俗称水龙头处),或冲厕用的水箱中。有的地方水压不够、又无区域水塔,往往在房屋(主要是多层)顶上设置大水箱,待夜间用水少时,水管中水位上升来充满水箱,供白天使用。

三、排水系统的构造

排水是房屋中的污水排出屋外的构造系统。排水先有排水源(如洗手池、厕所、洗菜池、盥洗池等)流出,排入污水管道,再排往室外窨井、化粪池至城市污水管道。污水管道的构成现在开始采用塑料管。它亦有存水弯头、弯头、管子接头、三通、清污口、地漏等,通过水平管及立管排至室外。污水管道由于比较粗大,在高级一些的建筑中,水平管往往用建筑吊顶遮掩,立管往往封闭于竖向管道通过的俗称"管弄"的建筑构造中。维修时有专用门可进入修理。

四、暖卫系统的构造

所谓暖即是采暖,在我国北方地区的现代建筑中都要设置,俗称"暖气"。它由锅炉房通过管道将热水或蒸汽送到每栋房屋中。供蒸汽的管道要求能承受较大的压力,供热水的可以与给水系统的管道一样。其构造与给水系统一样有管接、弯头……等,所不同的是送至室内后要接在根据需要设置的散热器上,散热器俗称"水汀"。散热器一头为进入管,一头为排出管(排出散热后的冷却水)。

所说的卫,是指卫生设备,即置于排水系统源头的一些装置,比如浴缸、洗脸盆、洗手池等等。目前这些卫生设备的档次、外观、质量不断提高,变成了室内装饰的一部分,这是与过去建筑初始情况所不同的地方。

五、空调及电梯的构造

空调与电梯是不相关的,在这里主要说明这两者在我国目前较高级建筑中已配置了。

1. 空调

空调是为保证房屋内空气、温度保持一定值的装置。它由空调机房将一定温度(夏季低于25℃,冬季高于15℃)及湿度的空气,通过管道送至房屋内。它有进风口、排风口、通风管道组成一个系统。由于管道要保温,又粗大,往往是隐蔽于吊顶内、管弄内不被人观察到。在进入室内的进风口下,一般没有调节开关,由人们根据需要调节进风量。

2. 电梯

电梯分为层间的"自动楼梯"和竖向各层间的升降电梯。前者在目前商场、宾馆用得较多;后者在高级的多层建筑中及所有高层建筑中都要设置。

竖向电梯有专门的电梯井,这是土建施工中必须建造的一个竖向通道。然后让电梯安装单位来进行安装。施工时,要求按图纸尺寸,保证井筒的内部尺寸准确。

"自动楼梯",一般在建筑留出它的空间位置,施工时一定要对它两端支座点间的尺寸,按图施工准确,否则"楼梯"放不下或够不着就麻烦了。"自动楼梯"示意见图1-45。

在本章房屋建筑的构造中,较详细地介绍了房屋的各个部分,目的是使我们对房屋建筑有个初步印象,为我们学习看建筑施工图纸打下基础。房屋的施工图是设计人员把房屋

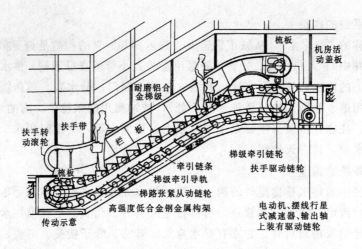

图 1-45 自动扶梯示意图

的构造绘成图纸，再要求施工人员把图纸上的形象变成实物。

从历史至今看，施工图纸是人们在实践中总结形成，又通过形象思维再设计出新的图纸。加上结构理论、建筑材料、施工技术的发展，建筑设计、建筑艺术的创造也不断更新，出现了各种各样的施工图纸。但我们只要了解掌握了房屋建筑的构造知识，对学会看懂建筑施工图就不难了。

第二章 建筑施工图的概念

第一节 什么是建筑施工图

人们生活中所见到的高楼大厦，工业生产使用的高大多样的厂房，都是随着社会经济发展而兴建起来的。我们在施工建造这些建筑物时，事先都要有从事设计的工程技术人员进行设计，通过设计形成一套建筑物的建筑施工图。这些图纸外观为蓝色，所以也称为"蓝图"。目前随着科技的发展，采用电子计算机绘图技术之后，图纸将由过去的蓝色，变为白纸黑色线条的图纸了。蓝色图纸将逐渐成为过去。在这些图纸上运用各种线条绘成各种形状的图样，建筑施工时就根据这些图样来建成房屋。如同做衣服一样，裁剪时需要先划成一片片样子，最后裁拼成整件衣服。不同的是房屋建筑不象做衣服那么简单，而是要按照图纸上所定的建筑材料，制成各类不同的构件，按照一定的构造原理组合而成的。

概括地说："建筑施工图就是在建筑工程上所用的，一种能够十分准确地表达出建筑物的外形轮廓、大小尺寸、结构构造和材料做法的图样。"

建筑施工图是房屋建筑施工时的依据，施工人员必须按图施工，不得任意变更图纸或无规则施工。因此作为建筑施工人员（包括工程技术人员和技术工人）必须看懂图纸，记住图纸的内容和要求，这是搞好施工必须具备的先决条件。同时，学好图纸、审核图纸也是施工准备阶段的一项重要工作。

第二节 图纸的形成

建筑施工图是按照一定原理绘制而成的。为了给看图纸作一些技术准备，我们在这里谈谈投影的概念与视图如何形成。一是从实物通过投影变为图形的原理说明物与图之间的关系；二是从利用投影原理见到的视图说明形成图纸的道理。

一、什么叫投影

在日常生活中我们常常看到影子这种自然现象。如在阳光照射下的人影、树影、房屋或景物的影子。在图 2-1（本图引自《建筑制图》一书）上我们就可以看出，这是一座栏杆在阳光照射下的影子。

我们知道，物体产生影子需要两个条件，一要有光线，其次要有承受影子的平面，缺一不行。而影子一般只能大致反映出物体的形状，如果要准确地反映出物体的形状和大小，就要对影子进行"科学的改造"，使光线对物体的照射按一定的规律进行。这时光线在承影面上产生的影子就能够准确反映物体的形状和大小。那么要什么样的光线呢？我们说这种光线要互相平行，并且垂直照射物体和投影平面，由此产生的该物体某一面的"影子"，这种影子就称为物体这一面的投影。如图 2-2 是一块三角板的投影。这里要说明图上几个图形：(1)图上的箭头表示投影方向,虚线为投影线。(2)A-A 平面称为投影平面。(3)三角板就

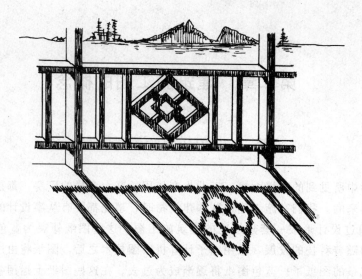

图 2-1 栏杆在阳光下的影子

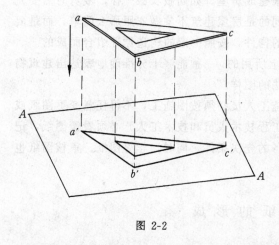

图 2-2

是投影的物体。我们给这种投影方法称为正投影。正投影是建筑图中常用的投影方法。

一个物体一般都可以在空间六个竖直面上投影（以后讲投影时都指正投影），如一块砖它可以向上、下、左、右、前、后的六个平面上投影，反映出它的大小和形状。由于砖也是一块平行六面体，它的各两个面是相同的，所以只要取它向下、后、右三个平面上的投影图形，就可以知道这块砖的形状和大小了。图 2-3 就是一块砖的大面、条面、顶面在下、后、右三个平面上的投影。

建筑和机械图纸的绘制，就是按照这种方法绘出来的。我们只要学会了看懂这种图形，可以在头脑中想象出一个物体的立体形象。

二、点，线，面的正投影

（1）一个点在空间各个投影面上的投影，总是一个点。见图 2-4。

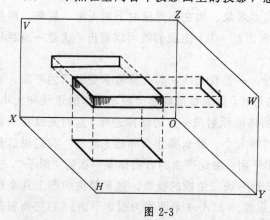

图 2-3

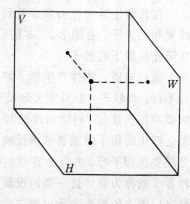

图 2-4

(2) 一条线在空间时,它在各投影面上的正投影,是由点和线来反映的。如图 2-5 (a)、(b),是一条竖直向下和一条水平的线的正投影。

(3) 一个几何形的面,在空间向各个投影面上的正投影,是由面和线来反映的。如图 2-6 是一个平行于底下投影面的平行四边形平面,在三个投影面上的投影。

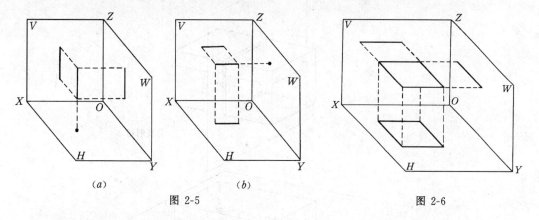

图 2-5　　　　　　　　　　　图 2-6

三、物体的投影

物体的投影比较复杂,它在空间各投影面上的投影,都是以面的形式反映出来的。如图 2-7 就是一个台阶外形的正投影。

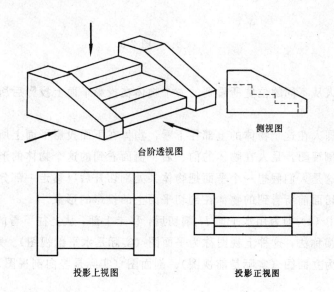

图 2-7

对于一个空心的物体,如一个关闭的木箱,仅从它外表的投影,是反映不出它的构造的,为此人们想出一个办法,用一个平面在中间切开它,让它的内部在这个面上投影,得到它内部的形状和大小,从而才能反映这个物体的真实。建筑物也类似这样的物体,仅外部的投影(在建筑图上叫立面图)不能完全反映建筑物的构造,所以要有平面图和剖面图等来反映内部的构造。图 2-8 是一个箱子剖切后的内部投影图,水平切面的投影相似于建筑平面图，垂直切面的投影相似于建筑剖面图。

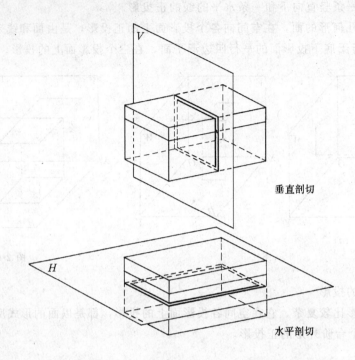

垂直剖切

水平剖切

图 2-8

四、视图

视图就是人从不同的位置所看到的一个物体在投影平面上投影后所绘成的图纸。一般分为：

上视图：即人在这个物体的上部往下看，物体在下面投影平面上所投影出的形象。

前、后、侧视图：是人在物体的前、后、侧面看到的这个物体的形象。

剖视图：这是人们假想一个平面把物体某处剖切开后，移走一部分，人站的未移走的那部分物体剖切面前所看到的物体在剖切平面上的投影的形象。

如图 2-9 中 (a) 即为用水平面 H 剖切后，移走上部，从上往下看的上视图。为了符合建筑图纸的习惯称法，这种上视图称为平面图（实际是水平剖视图）。另外 (b)、(c)、(d) 三图，分别称为立面图（实际是前视图）、剖面图（实际是竖向剖视图）、侧立面图（实际是侧视图）。

仰视图：这是人在物体下部向上观看所见到的形象。建筑中的仰视图，一般如在室内人仰头观看到的顶棚构造或吊顶平面的布置图形。建筑中顶棚无各种装饰时，一般不绘制仰视图。

从视图的形成说明物体都可以通过投影用面的形式来表达。这些平面图形又都代表了物体的某个部分。施工图纸就是采用这个办法，把想建造的房屋利用投影和视图的原理，绘制成立面图、平面图、剖面图等，使人们想象出该房屋的形象，并按照它进行施工变成实物。

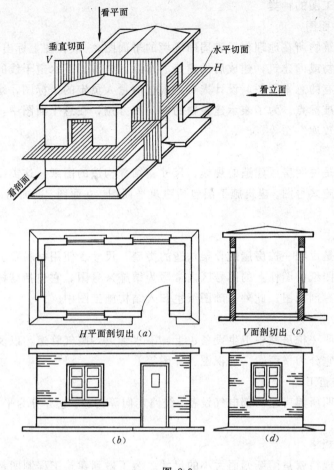

图 2-9

第三节 建筑施工图的内容

一、建筑施工图的设计

建筑工程图纸的设计,是由设计单位根据设计任务书的要求及有关设计资料如房屋的用途、规模、建筑物所定现场的自然条件、地理情况等,以及计算用的数据、建筑艺术风格等多方面因素,设计绘制成图。首先进行初步设计,这一阶段主要是根据建设单位提出的设计任务和要求,进行调查研究,搜集资料,提出设计方案,然后初步绘出草图。复杂一些的还可以绘出透视图或制作建筑物的模型。初步设计的图纸和有关文件只能作为提供研究和审批使用,不能作为施工的依据。第二阶段是技术设计阶段,这一阶段主要根据初步设计确定的内容,进一步解决建筑、结构、材料、设备(水、暖、电、通风等)上的技术问题,使各工种之间取得统一,达到互相协调配合。在技术设计阶段各工种均需绘制出相应的技术图纸,写出有关设计说明和初步计算等,为第三阶段施工图设计提供比较详细的资料。最后阶段是施工图设计,主要是为满足工程施工中的各项具体技术要求,提供一切准确可靠的施工依据。它包括全套工程图纸和相配套的有关说明和工程概算。整套施工图纸是设计人员的最终成果,是施工单位进行施工的依据。

二、建筑施工图的种类

1. 建筑总平面图

它是说明建筑物所在地理位置和周围环境的平面图。一般在图上标出新建筑物的外形，建筑物周围的地物或旧建筑，建成后的道路、水源、电源、下水道干线的位置，如在山区还标有等高线。有的总平面图，设计人员还根据测量人员定的坐标图，绘制出需建房屋的方格网和标出水准标点。为了表示建筑物的朝向和方位，在总平面图中，还绘有指北针和表示风向的"风玫瑰"图等。

2. 建筑施工图

建筑施工图是说明房屋建造的规模、尺寸、细部构造的图纸。这类图纸的图标上的图号区内常写为建施×号图。建筑施工图包括建筑平面图、立面图、剖面图以及施工详图、材料做法说明等。

3. 结构施工图

结构施工图是说明一栋房屋的骨架构造的类型、尺寸、使用材料要求和构件的详细构造的图纸。这类图纸的图标上的图号区内常写为结施×号图。它包括结构平面布置图、构件详图必要时还有剖面图。此外基础图纸也归入结构施工图中。

4. 暖卫施工图

这类图纸说明一栋房屋中卫生设备、上、下水管道，暖气管道，以及有煤气或通风设备的构造情况。它分为平面图、透视图、详图等。

5. 电气设备施工图

这类图纸说明所建房屋内部电气设备、线路走向等构造。它亦分为平面图、系统图、详图等。

三、图纸的规格

所谓图纸的规格就是图纸幅面大小的尺寸。为了做到建筑工程制图基本统一，清晰简明，提高制图效率，满足设计、施工、存档的要求，国家制订了全国统一的标准：《房屋建筑制图统一标准》(GBJ1～86)。该标准规定，图纸幅面的基本尺寸为五种，其代号分别为A0、A1、A2、A3、A4、各类尺寸大小如表2-1所示：

表 2-1

基本幅面代号	A0	A1	A2	A3	A4
$b×l$	841×1189	594×841	420×594	297×420	297×210
c	10			5	
a	25				

其图纸格式如图 2-10 所示。

为了适应建筑物的具体情况，平面尺寸有时要适当放大，所以《标准》中又规定了图纸长边可以加长的尺寸。其加长的规定见表2-2。

四、图标与图签

图标和图签是设计图框的组成部分。图标是说明设计单位、图名、编号的表格，见图2-11所示。该图是某设计院图纸上图标的具体例子，供读者参考。

图纸长边加长尺寸(mm) 表 2-2

幅面代号	长边尺寸	长边加长后尺寸						
A0	1189	1338	1487	1635	1784	1932	2081	2230 2387
A1	841	1051	1261	1472	1682	1892	2102	
A2	594	743	892	1041	1189	1338	1487	1635 1784 1932 2081
A3	420	631	841	1051	1261	1472	1682	1892

注：图纸的短边不得加长。

图标的位置一般在图纸的右下角。图标的尺寸在国家标准中也有规定，其长边的长度应为180mm；短边的长度宜采用40、30、50mm三种尺寸。凡是为对外工程设计的，图标的设计单位名称前应加"中华人民共和国"的字样，并在各项主要内容的中文下方应附有译文。

图签是供需要会签的图纸用的。一个会签栏不够用时，可另加一个，两个会签栏应并列；不需要会签的图纸，可不设会签栏。

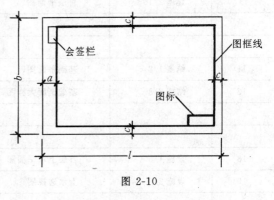

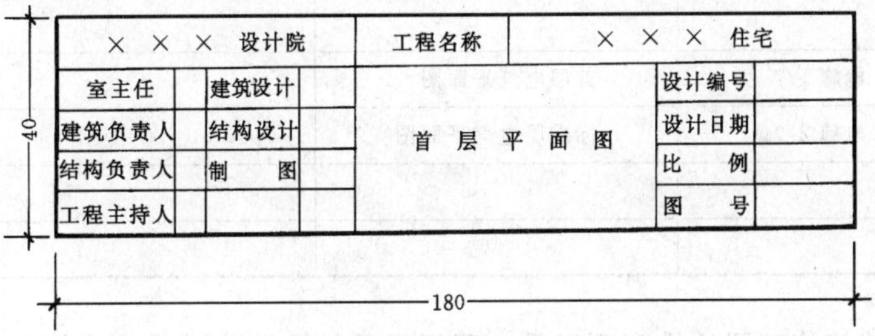

图 2-10

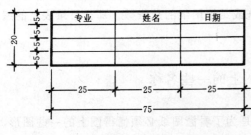

图 2-11

图签位于图纸的左上角，其尺寸应为75mm×20mm，栏内应填写会签人员所代表的专业、姓名、日期（年、月、日）。具体形式见图 2-12。

五、施工图的编排顺序

一套房屋建筑的施工图按其建筑的复杂程度不同，可以由几张图或几十张图组成。大型复杂的建筑工程的图纸可以多到上百张、几百张。因此设计人员应按照图纸内容的主次关系，系统地编排顺序。例如基本图在前，详图在后；总体图在前，局部图在后；主要部分在前，次要部分在后；布置图在前，构件图在后等方式编排。

图 2-12

×××设计院

图 纸 目 录　　　　　　　　　　　　　　　　表 2-3

建设单位	××纺织厂	建筑造价	810元/m²
工程名称	住 宅	设 计 号	90-6-21
面 积	3280m²	设计日期	90年×月×日

顺 序	图 号	图 名	采用标准图名	备 注
1	总 施	建筑总平面图		
2	建施 1/10	施工总说明	本院	
3	建施 2/10	首层平面图	90J21 标准图集	
11	结施 1/8	基础平面图		
12	结施 2/8	基础剖面大样图	本院	
			90G31～40 标准图集	
18	设施 1/6	首层上水平面图		
19	设施 2/6	上水透视图		
26	电施 1/7	首层电气平面图		
27	电施 2/7	标准层电气平面图		

一般一套建筑施工图的排列顺序是：图纸目录、设计总说明、建筑总平面图、建筑施工图、结构施工图、给水排水施工图、采暖通风施工图、电气工程施工图、煤气管道施工图等。

表 2-3 为图纸目录的例子，供读者参考。

图纸目录便于查阅图纸，通常放在全套图纸的最前面。图纸目录上图号的编排顺序应与图纸一致。一般单张图纸在图标中图号用"建施 3/12"或"结施 4/10"的办法来表示，分子代表建施或结施的第几张图，分母代表建施或结施图纸的总张数。那么目录表上的编号必须有该种图纸的号，这样才能前后一致。

第四节　建筑施工图上的一些名称

前面介绍了图纸的内容、种类，这里要讲的是为了看懂图纸必须懂得图上的一些图形、符号，作为看图的准备。下面我们从基本的线条开始介绍。

一、图线

在建筑施工图中,为了表示不同的意思,并达到图形的主次分明,必须采用不同的线型和不同宽度的图线来表达。

1. 线型的分类

线型分为实线、虚线、点划线、双点划线、折断线、波浪线等,见表2-4。

前四类线型分为粗、中、细三种,后两种一般为细线。线的宽度用 b 作单位,b 的宽度按国家标准以下表2-5取值。

表 2-4

名 称		线 型	线 宽	一 般 用 途
实线	粗	——————	b	主要可见轮廓线
	中	——————	$0.5b$	可见轮廓线
	细	——————	$0.35b$	可见轮廓线、图例线等
虚线	粗	– – – – –	b	见有关专业制图标准
	中	– – – – –	$0.5b$	不可见轮廓线
	细	– – – – –	$0.35b$	不可见轮廓线、图例线等
点划线	粗	—·—·—·—	b	见有关专业制图标准
	中	—·—·—·—	$0.5b$	见有关专业制图标准
	细	—·—·—·—	$0.35b$	中心线、对称线等
双点划线	粗	—··—··—	b	见有关专业制图标准
	中	—··—··—	$0.5b$	见有关专业制图标准
	细	—··—··—	$0.35b$	假想轮廓线、成型前原始轮廓线
折断线		——/\——	$0.25b$	断开界线
波浪线		～～～	$0.35b$	断开界线

表 2-5

线宽比	线 宽 组 (mm)					
b	2.0	1.4	1.0	0.7	0.5	0.35
$0.5b$	1.0	0.7	0.5	0.35	0.25	0.18
$0.35b$	0.7	0.5	0.35	0.25	0.18	

2. 线条的种类和用途

线条的种类有定位轴线、剖面的剖切线、中心线、尺寸线、引出线、折断线、虚线、波浪线、图框线等多种,现分别说明如下:

定位轴线:采用细点划线表示。它是表示建筑物的主要结构或墙体的位置,亦可作为标志尺寸的基线。定位轴线一般应编号。在水平方向的编号,采用阿拉伯数字,由左向右依次注写;在竖直方向的编号,采用大写汉语拼音字母,由下而上顺序注写。轴线编号一一般标志在图面的下方及左侧，如图2-13所示。

国标还规定轴线编号中不得采用 I、O、Z 三个字母。此外一个详图如适用于几个轴线时，应将各有关轴线的编号注明，注法见图2-14，其中左边的1、3轴图形是用于两个轴线时；中间的1、3、6等的图形是用于三个或三个以上轴线时；右边的1至15轴图形是用于三个以上连续编号的轴线时。

通用详图的轴线号，只用"圆圈"，不注写编号，画法见图2-15。

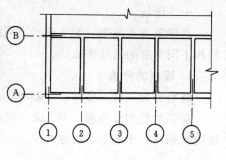

图 2-13

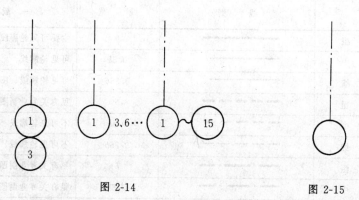

图 2-14　　　　　　　　图 2-15

两个轴线之间，如有附加轴线时，图线上的编号就采用分数表示，分母表示前一轴线的编号，分子表示附加的第几道轴线，分子用阿拉伯数字顺序注写。表示方法见图2-16。

剖面的剖切线：一般采用粗实线。图线上的剖切线是表示剖面的剖切位置和剖视方向。编号是根据剖视方向注写于剖切线的一侧，如图2-17，其中"2-2"剖切线就是表示人站在图右面向左方向（即向标志2的方向）视图。

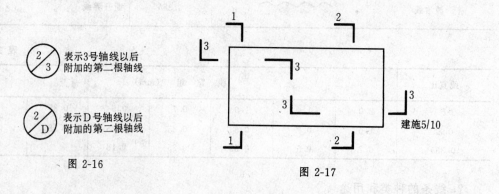

图 2-16　　　　　　　　图 2-17

国标还规定剖面编号采用阿拉伯数字，按顺序连续编排。此外转折的剖切线（如图2-17中"3-3"剖切线）的转折次数一般以一次为限。当我们看图时，被剖切的图面与剖面图不在同一张图纸上时，在剖切线下会有注明剖面图所在图纸的图号。

再有，如构件的截面采用剖切线时，编号亦用阿拉伯数字，编号应根据剖视方向注写于剖切线的一侧，例如向左剖视的数字就写在左则，向下剖视的，就写在剖切线下方（见

图 2-18）。

中心线：中心线用细点划线或中粗点划线绘制，是表示建筑物或构件、墙身的中心位置。如图 2-19 是一座屋架中心线的表示。此外在图上为了省略对称部分的图面，在图上用点划线和两条平行线，这个符号绘在图上，称为对称符号，这个中心对称符号是表示该线的另一边的图面与已绘出的图面，相对位置是完全相同的。

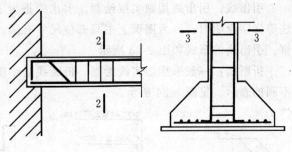

图 2-18

尺寸线：尺寸线多数用细实线绘出。尺寸线在图上表示各部位的实际尺寸。它由尺寸界线、起止点的短斜线（或圆黑点）和尺寸线所组成。尺寸界线有时与房屋的轴线重合，它用短竖线表示，起止点的斜线一般与尺寸线成 45°角，尺寸线与界线相交，相交处应适当延长一些，便于绘短斜线后使人看时清晰，尺寸大小的数字应填写在尺寸线上方的中间位置。图 2-20 即为尺寸线的表示方法。

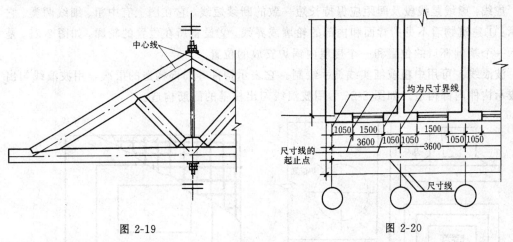

图 2-19　　　　　　　　　　图 2-20

此外桁架结构类的单线图，其尺寸在图上都标在构件的一侧，如图 2-21。单线一般用粗实线绘制。

标志半径、直径及坡度的尺寸，其标注方法如图 2-22。半径以 R 表示，直径以 ϕ 表示，坡度用三角形或百分比表示。

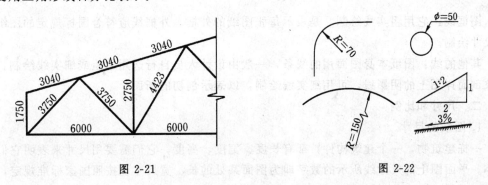

图 2-21　　　　　　　　　　图 2-22

引出线：引出线用细实线绘制。引出线是为了注释图纸上某一部分的标高、尺寸、做法等文字说明时，因为图面上书写部位尺寸有限，而用引出线将文字引到适当部位加以注解。引出线的形式如图 2-23 所示。

折断线：一般采用细实线绘制。折断线是绘图时为了少占图纸而把不必要的部分省略不画的表示。见图 2-24 所示。

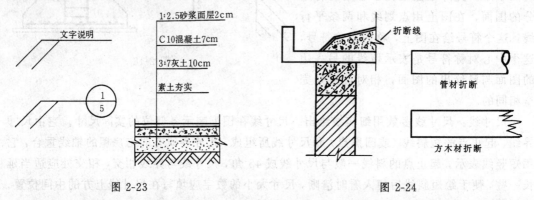

图 2-23　　　　　　　　　　　图 2-24

虚线：虚线是线段及间距应保持长短一致的断续短线。它在图上有中粗、细线两类。它表示：①建筑物看不见的背面和内部的轮廓或界线。②设备所在位置的轮廓。如图 2-25。是表示一个基础杯口的位置和一个房屋内锅炉安放的位置。

波浪线：可用中粗或细实线徒手绘制。它表示构件等局部构造的层次，用波浪线勾出以表示构件内部构造。如图 2-26 为用波浪线勾出柱基的配筋构造。

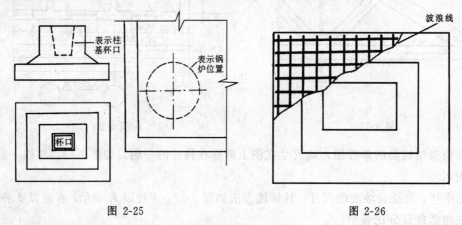

图 2-25　　　　　　　　　　　图 2-26

图框线：它用粗实线绘制，是表示每张图纸的外框。外框线应符合国标规定的图纸规格尺寸绘制。

其他的线：图纸本身图面用的线条，一般由设计人员自行选用中粗或细实线绘制，还有象剖面详图上的阴影线，可用细实线绘制，以表示剖切的断面。

二、尺寸和比例

1．图纸的尺寸

一栋建筑物，一个建筑构件，都有长度、宽度、高度，它们需要用尺寸来表明它们的大小。平面图上的尺寸线所示的数字即为图面某处的长、宽尺寸。按照国家标准规定，图纸上除标高的高度及总平面图上尺寸用米为单位标志外，其他尺寸一律用毫米为单位。为了统一起见所有以毫米为单位的尺寸在图纸上就只写数字不再注单位了。如果数字的单位不是毫米，那么必须注写清楚。如前面图 2-20 中的 3600 是为①—②轴间的尺寸。按照我国采用的长度计算单位规定，1m＝100cm＝1000mm，那么 3600 不注单位即为 3.60m，俗称三米六。在实际施工中量尺寸的，只要量取 3.60m 长就对了。

在建筑设计中为了标准化、通用性，为了使建筑制品、建筑构配件、组合件实现规模生产，使用不同材料、不同形式和方法制出的构配件、组合件具有较大的通用性和互换性，在设计上建立了模数制。我国在修改原有模数制的基础上于 1986 年重新修订成《建筑模数协调统一标准》(GBJ2—86)，在这个标准中重新规定了模数和模数协调原则。

建筑模数是设计上选定的尺寸单位，作为建筑空间、构件以及有关设施尺寸的协调中的增值单位。我国选定的基本模数（是模数协调中的基本尺寸）值为 100mm。而整个建筑物和建筑物的一部分以及建筑中组合件的模数化尺寸，应是基本模数的倍数。

因此，在基本模数这个单位值上又引出扩大模数和分模数的概念。扩大模数是基本模数的整数倍数，如上述的①～②轴的尺寸 3600mm，就是 100mm 这个基本模数的整数倍。分模数则是整数除基本模数的数值，如木门窗的厚度为 50mm，则是用 2 去除 100mm 得到的分模数。

但国家对模数的扩大及分小有一定的规定：如扩大模数的扩大倍数为 3、6、12、15、30、60；分模数为 1/10、1/5、1/2。凡符合扩大模数的倍数（整数）或分模数的倍数，则其尺寸为符合国家统一模数的尺寸，否则为非模数尺寸，则为非标准尺寸。如平面尺寸 3600mm，即为 6 倍模数的 6 倍，即：100×6（规范规定的 6 倍，允许）再乘以 6（整数倍），则得出为 3600mm，称为标准尺寸；而有些设计房屋的开间定为 3400mm，则它是非标准的了。为了适应其尺寸，如空心楼板的长度就要生产出长 3380mm 的尺寸，这与标准的 3280mm、3580mm 长的标准构件不一样了，生产厂就要单独为其制作。

所以模数制是为提高设计速度，建筑标准化，提高施工效率和质量，降低造价都有好处。这点在这里简单的介绍一下。

2. 图纸的比例

图纸上标出的尺寸，实际上并非在图上就真是那么长，如果真要按实足的尺寸绘图，几十米长的房子是不可能用桌面大小的图纸绘出来的。而是通过把所要绘的建筑物缩小几十倍、几百倍甚至上千倍才能绘成图纸。我们把这种缩小的倍数叫做"比例"。如在图纸上用图面尺寸为 1cm 的长度代表实物长度 1m（也就是代表实物长度 100cm）的话，那么我们就称用这种缩小的尺寸绘成的图的比例叫 1：100。反之一栋 60m 长的房屋用 1：100 的比例描绘下来，在图纸上就只有 60cm 长了，这样的图纸上也就可以画得下了。所以我们知道了图纸的比例之后，只要量得图上的实际长度再乘上比例倍数，就可以知道该建筑物的实际大小了。

国标还规定了比例必须采用阿拉伯数字表示，例如 1：1、1：2、1：50、1：100 等等，不得用文字如"足尺"或"半足尺"等方法表示。

图名一般在图形下面写明，并在图名下绘一粗实线来显示，一般比例注写在图名的右侧。如下：

图 2-27

平面图1∶200

当一张图纸上只用一种比例时,也可以只标在图标内图名的下面。标注详图的比例,一般都写在详图索引标志的右下角,如图2-27。一般图纸采用的比例可见表2-6。

我们看图纸时懂得比例这个道理后,就可以用比例尺去量取图上未标尺寸的部分,从而知道它的实际尺寸。懂得比例,会用比例这也是我们学习识图所需要的。

图纸常用比例表　　　　　表 2-6

图　名	常　用　比　例	必要时可增加的比例
总平面图	1∶500、1∶1000、1∶2000	1∶2500、1∶5000、1∶10000
总图专业的断面图	1∶100、1∶200、1∶1000、1∶2000	1∶500、1∶5000
平面图、立面图、剖面图	1∶50、1∶100、1∶200	1∶150、1∶300
次要平面图	1∶300、1∶400	1∶500
详图	1∶1、1∶2、1∶5、1∶10、1∶20、1∶25、1∶50	1∶3、1∶4、1∶30、1∶40

三、标高及其他

1. 标高

标高是表示建筑物的地面或某一部位的高度。在图纸上标高尺寸的注法都是以 m 为单位的,一般注写到小数点后三位,在总平面图上只要注写到小数点后二位就可以了。总平面图上的标高用全部涂黑的三角表示,例如▼75.50。在其他图纸上都用如图 2-28 所示的方法表示。

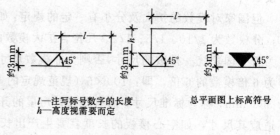

l—注写号数字的长度
h—高度视需要而定

总平面图上标高符号

图 2-28

在建筑施工图纸上用绝对标高和建筑标高两种方法表示不同的相对高度。

绝对标高:它是以海平面高度为 0 点(我国是以青岛黄海海平面为基准),图纸上某处所注的绝对标高高度,就是说明该图面上某处的高度比海平面高出多少。绝对标高一般只用在总平面图上,以标志新建筑处地的高度。有时在建筑施工图的首层平面上也有注写,它的标注方法是如±0.000=▼50.00,表示该建筑的首层地面比黄海海面高出50m,绝对标高的图式是黑色三角形。

建筑标高,除总平面图外,其他施工图上用来表示建筑物各部位的高度,都是以该建筑物的首层(即底层)室内地面高度作为 0 点(写作±0.000)来计算的。比 0 点高的部位我们称为正标高,如比 0 点高出 3m 的地方,我们标成 3.000,而数字前面不加(+)号。反之比 0 点低的地方,如室外散水低 45cm,我们标成-0.450,在数字前面加上(-)号。建筑施工图上表示标高的方法见图2-29,图中(6.000)、(9.000)是表示在一个详图中,同时表示几个不同的标高时的标注方法。

2. 指北针与风玫瑰

在总平面图及首层的建筑平面图上,一般都绘有指北针,表示该建筑物的朝向。指北针的形式国标规定如图 2-30 所示。有的也有别的画法，但主要在尖头处要注明"北"字。如为对外工程，或进口图纸则用"N"表示北字。

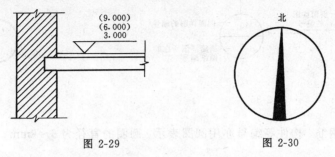

图 2-29　　　　　　图 2-30

风玫瑰是总平面图上用来表示该地区每年风向频率的标志。它是以十字坐标定出东、南、西、北、东南、东北、西南、西北……等十六个方向后，根据该地区多年平均统计的各个方向吹风次数的百分数值，绘成的折线图形，我们叫它风频率玫瑰图，简称风玫瑰图。图上所表示的风的吹向，是指从外面吹向地区中心的。风玫瑰的形状如图 2-31，此风玫瑰图说明该地多年平均的最频风向是西北风。虚线表示夏季的主导风向。

3. 索引标志

索引标志是表示图上该部分另有详图的意思。它用圆圈表示，圆圈的直径一般为 8～10mm。索引标志的不同表示方法有以下几种：

所索引的详图，如在本张图纸上时，其表示方法，如图 2-32。

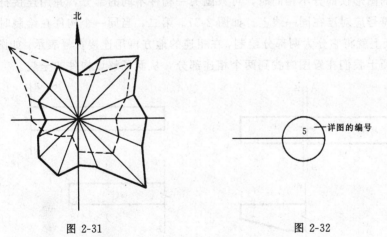

图 2-31　　　　　　图 2-32

所索引的详图，不在本张图纸上时，其表示方法，如图 2-33 所示。

所索引的详图，如采用标准详图时，其表示方法，如图 2-34。

局部剖面的详图索引标志，用下面图 2-35 的方法表示。所不同的是索引线边上有一根短粗直线，表示剖视方向。

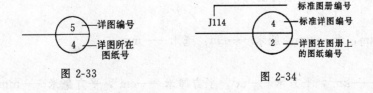

图 2-33　　　　　　图 2-34

43

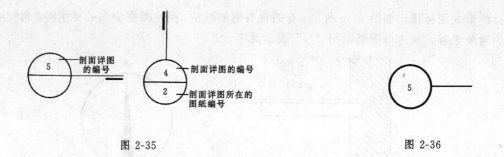

图 2-35　　　　　　　　　　　　　　　图 2-36

金属零件、钢筋、构件等编号亦用圆圈表示，圆圈的直径为6～8mm，其表示方法如图2-36。

4. 符号

图纸上的符号是很多的。有用图示标志的符号，有用文字标志的符号，还有用符号标志说明某种含意的符号等。现分别叙述于下：

对称符号：在前面提到中心线时已讲了对称符号。这个符号的含意是当绘制一个完全对称的图形时，为了节省图纸篇幅，在对称中心线上，绘上对称符号，则其对称中心的另一边可以省略不画。对称符号的表示方法，见图2-19屋架中心线处的对称符号。

连接符号：它是用在连接切断的结构构件图形上的符号。如当一个构件的这一部分和需要相接的另一部连接时就采用这个符号来表示。它有两种情形：第一，所绘制的构件图形与另一构件的图形仅部分不相同时，可只画另一构件不同的部分，并用连接符号表示相连，两个连接符号应对准在同一线上。如图2-37。第二，当同一个构件在绘制时图纸有限制，那时在图纸上就将它分为两部分绘制，在相连的地方再用连接符号表示，如图2-38。有了这个符号就便于我们在看图时找到两个相连部分，从而了解该构件的全貌。

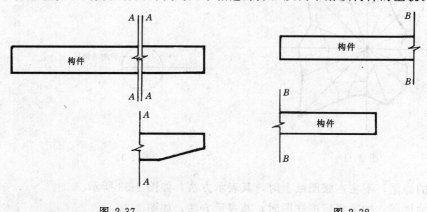

图 2-37　　　　　　　　　　　　　　　图 2-38

各种单位的代号：在图纸上为了书写简便，如长度、面积、重量等单位，往往采用计量单位符号注法代表。其表示方法为：

长度单位：

公里——km，米——m，厘米——cm，毫米——mm。

面积单位：

平方公里——km^2，平方米——m^2，平方厘米——cm^2，平方毫米——mm^2。

体积单位：

立方米——m^3，立方厘米——cm^3。

重量单位：

克——g，千克（公斤）——kg，吨——t。

钢筋符号：在施工图上，采用不同型号，不同等级的钢筋时，有不同的表示方法。这里我们列表说明，见表 2-7。

钢 筋 分 类 表 表 2-7

钢筋种类	曾用符号	强度设计值 (N/mm²)	钢筋种类	曾用符号	强度设计值 (N/mm²)
Ⅰ级（A3、AY3）	Φ	210	冷拉Ⅱ级钢 $d\leq25$ $d>28\sim40$	$Φ^l$	380 360
Ⅱ级（20MnSi） $d\leq25$ $d=28-40$	Φ	310 290	冷拉Ⅲ级钢	$Φ^l$	420
			冷拉Ⅳ级钢	$Φ^l$	580
Ⅲ级（25MnSi）	Φ	340	钢 $d=9.0$ 绞 $d=12.0$ 线 $d=15.0$	$Φ^j$	1130 1070 1000
Ⅳ级（40MnSiV）	Φ	500			
冷拉Ⅰ级钢	$Φ^l$	250			

混凝土强度的标志方法：图纸上为了说明设计上需要的混凝土强度，现在采用强度等级来表示。目前分为 C7.5、C10、C15、C20、C25、C30、C35、C40、C45、C50、C55、C60 等 12 个等级。它的含义是表示混凝土立方体上每平方毫米面积上可以承受多少牛顿的压力。例如 C20，则表示每平方毫米上可承受 20 牛顿的压力。以此类推。

砂浆强度的标志方法和混凝土相似。但其标志符号不同，是用 M 表示。它们的等级分为 M0.4、M1、M2.5、M5、M7.5、M10、M15 等。它的含义是表示 70×70×70 砂浆试块立方体上每平方毫米面积上可以承受多少牛顿的压力。

砖的强度则采用 MU 表示。强度等级分为 MU5、MU7.5、MU10、MU15 等。

型钢的符号：图纸上为了说明使用型钢的种类、型号也可用符号表示，我们下面简单的介绍一些：

工字钢：用 工 表示，如果它的高度为 30cm，那么就表示成 工$_{30}$；

槽钢：用 [表示，如果它的高度为 24cm，那么就写成 [$_{24}$；

角钢：分为等边和不等边两种。其表示方法为 L 及 L，等边的书写时其两边各为 50mm 长时写成 L 50，不等边的要将两边的长都写上如 L75×50，同时由于其翼缘厚度不同还得标上厚度，如 L 50×5；L75×50×6 等；

钢板和扁钢：钢板和扁钢用—符号表示，要说明尺寸时，在—符号后注明数字，比如用 20cm 宽、8mm 厚的钢板或扁钢，其表示方法是—200×8。

构件的符号：结构施工图中，构件中的梁、柱、板等，为了书写简便一般用汉语拼音字母代表构件名称，常用的构件代号如表 2-8 所示。

建筑构件代号表　　　　　　　　表2-8

序号	名称	代号	序号	名称	代号
1	板	B	21	檩条	LT
2	屋面板	WB	22	屋架	WJ
3	空心板	KB	23	托架	TJ
4	槽形板	CB	24	天窗架	CJ
5	折板	ZB	25	刚架	GJ
6	密肋板	MB	26	框架	KJ
7	楼梯板	TB	27	支架	ZJ
8	盖板、沟盖板	GB	28	柱	Z
9	檐口板	YB	29	基础	J
10	吊车安全走道板	DB	30	设备基础	SJ
11	墙板	QB	31	桩	ZH
12	天沟板	TGB	32	柱间支撑	ZC
13	梁	L	33	垂直支撑	CC
14	屋面梁	WL	34	水平支撑	SC
15	吊车梁	DL	35	梯	T
16	圈梁	QL	36	雨篷	YP
17	过梁	GL	37	阳台	YT
18	连系梁	LL	38	梁垫	LD
19	基础梁	JL	39	预埋件	M
20	楼梯梁	TL			

注：1. 以上代号适合预制钢筋混凝土、现浇钢筋混凝土构件、钢构件和木构件。只是材料不同时图上应加以说明。
2. 预应力钢筋混凝土构件代号，在以上代号前加一个"Y—"字。如预应力钢筋混凝土吊车梁则表示为："Y—DL"。

门窗的代号：建筑施工图上门窗除了在图上表示出其位置外，还要用符号表示门、窗的型号。因为门、窗的图纸基本上采用设计好的标准图集。门、窗又分为钢质、木质等不同材料组成，因此表示本门用"M××"的符号，表示木窗时用"C××"符号；表示钢门用"GM××"符号，表示钢窗用"GC××"符号。为了具体说明这些符号的用法，我们借用某市设计院编制的木门窗标准图作为说明，见表2-9、表2-10。

常用木门代号及类别　　　　　　　　表2-9

代号	门类别	代号	门类别
M1	纤维板面板门	M9	推拉木大门
M2	玻璃门	M10	变电室门
M3	玻璃门带纱	M11	隔音门
M4	弹簧门	M12	冷藏门
M5	中小学专用镶板门	M13	机房门
M6	拼板门	M14	浴、厕隔断门
M7	壁橱门	M15	围墙大门
M8	平开木大门	Y	表示阳台处联窗符号

常用木窗代号及类别　　　　　　　表 2-10

代　号	窗　类　别	代　号	窗　类　别
C	代表外开窗，一玻一纱	C7	立转窗带纱窗
NC	代表内开窗一玻一纱	C8	推拉窗
C1	1号代表仅一玻无纱	C9	提升窗
C5	代表固定窗	C10	橱窗
C6	代表立转窗		

注：右下角代号表示类别，各地有所不同。

门的代号除右边用数字表明类别外，为了看图人便于了解它的尺寸，在 M 符号前面还标出数字说明该门应留的洞口尺寸。其标法如下：

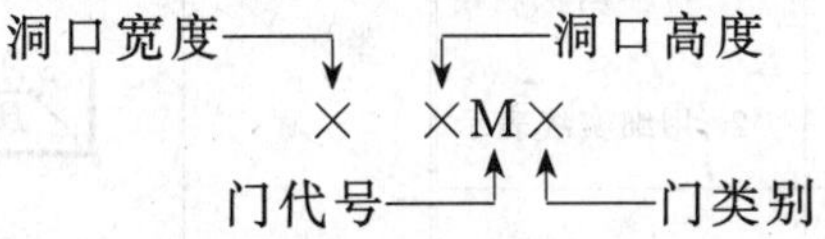

洞口宽度————↓　　↓————洞口高度
　　　　　　　×　×M×
门代号————↑　　↑————门类别

其洞口高度以 300 及 900 为模数的缩写数字表示，只要将该数字乘以 3 即为所选用的洞口宽或高的尺寸。例如 39M$_2$，即为 3×300＝900 为宽，9×300＝2700 为高的玻璃门。如果个别洞口不符合 3 的模式，则用其他数字作代号表示，而不乘 300，这只要在标准图中加以说明就行了。

总之木门的表示各地区由于设计部门不同，加工单位不同，采用不同的表示方法，上面所介绍的只是某市设计院的木门表示法，但在施工图上都用"M"这个字母表示门，这点是一致的。

前面 2-10 表是常用木窗表示法。

窗的代号和门一样，在"C"代号前亦有数字表示尺寸（表示方法同门），此处不再赘述。

门、窗的种类不只是上面两张表所包括的，还有其他的特殊类型，如翻门、翻窗，在材质上还有钢门窗、玻璃钢门窗等等，这只有在生产实践和不断看图学习中才能全面了解。

其他的代号：在施工图上除了上述介绍的这些符号代号外，还有如螺栓用"M"表示，如用直径 25mm 的螺栓，图上用 M25 表示。在结构图上为了表示梁、板的跨度往往用"L"表示，此外用"H"表示层高或柱高；用"@"表示相等中心的距离；用 ϕ 表示圆的物体，以上是在结构图中常见的代号。有时设计人员会在图上将代号加以说明的，只要我们掌握了大量常用的习惯表示方法后，就可以顺利看图了。

第五节　建筑施工图上常用的图例

图例是建筑施工图纸上用图形来表示一定含意的一种符号。它具有一定的形象性，使人看了就能体会它代表的东西。下面将一般常见的建筑和结构图上用的图例分类绘制成表。

1. 建筑总平面图上常用的图例（表 2-11）
2. 表示常用建筑材料的图例（表 2-12）

总平面图例 表 2-11

名 称	图 例	说 明	名 称	图 例	说 明
新建的建筑物	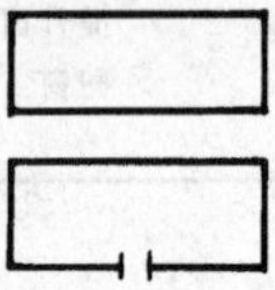	1. 上图为不画出入口图例，下图为画出入口图例 2. 需要时，可在图形内右上角以点数或数字（高层宜用数字）表示层数 3. 用粗实线表示	围墙及大门	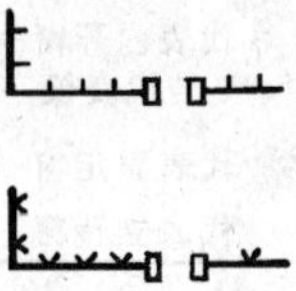	上图为砖石、混凝土或金属材料的围墙 下图为镀锌铁丝网、篱笆等围墙 如仅表示围墙时不画大门
原有的建筑物		1. 应注明拟利用者 2. 用细实线表示	坐标	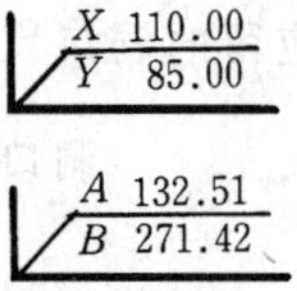 X 110.00 Y 85.00 A 132.51 B 271.42	上图表示测量坐标 下图表示施工坐标
计划扩建的预留地或建筑物		用中虚线表示	雨水井		
拆除的建筑物	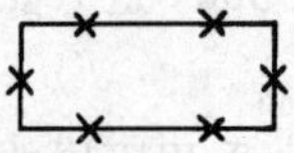	用细实线表示	消火栓井		
新建的地下建筑物或构筑物	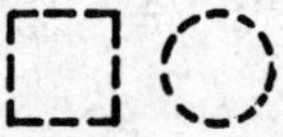	用粗虚线表示	室内标高	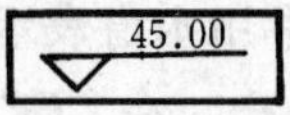 45.00	
漏斗式贮仓		左、右图为底卸式中图为侧卸式	室外标高	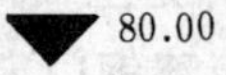 ▼ 80.00	
散状材料露天堆场	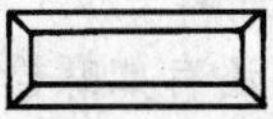	需要时可注明材料名称	原有道路		
铺砌场地	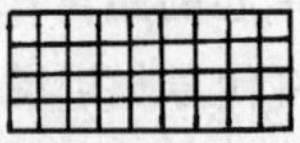		计划扩建道路		
水塔、贮藏	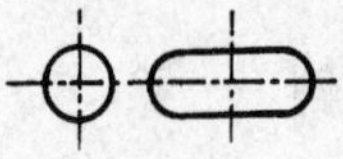	左图为水塔或立式贮罐右图为卧式贮藏			
烟囱		实线为烟囱下部直径，虚线为基础必要时可注写烟囱高度和上、下口直径	桥梁	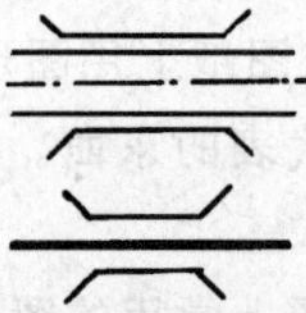	1. 上图为公路桥，下图为铁路桥 2. 用于旱桥时应说明

表 2-12

名称	图例	说明	名称	图例	说明
自然土壤		包括各种自然土壤	金属		1. 包括各种金属 2. 图形小时，可涂黑
夯实土壤					
砂、灰土		靠近轮廓线点较密的点	玻璃		包括平板玻璃、磨砂玻璃、夹丝玻璃、钢化玻璃等
天然石材		包括岩层、砌体、铺地、贴面等材料	防水材料		构造层次多或比例较大时，采用上面图例
混凝土		1. 本图例仅适用于能承重的混凝土及钢筋混凝土 2. 包括各种强度等级、骨料、添加剂的混凝土 3. 在剖面图上画出钢筋时，不画图例线 4. 断面较窄，不易画出图例线时，可涂黑	粉刷		本图例点以较稀的点
			毛石		
钢筋混凝土			普通砖	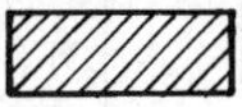	1. 包括砌体、砌块 2. 断面较窄，不易画出图例线时，可涂红
			耐火砖		包括耐酸砖等
多孔材料		包括水泥珍珠岩、沥青珍珠岩、泡沫混凝土、非承重加气混凝土、泡沫塑料、软木等	空心砖		包括各种多孔砖
			饰面砖		包括铺地砖、马赛克、陶瓷锦砖、人造大理石等
石膏板					

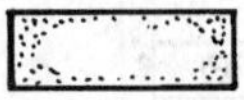

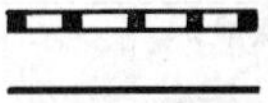

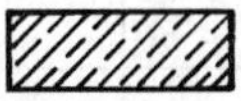

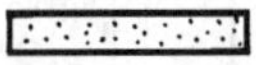

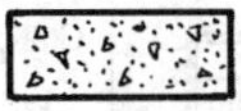

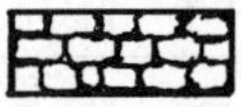

3. 表示建筑构造及配件的图例（表 2-13）

表 2-13

名称	图例	说明	名称	图例	说明
土墙		包括土筑墙、土坯墙、三合土墙等	楼梯	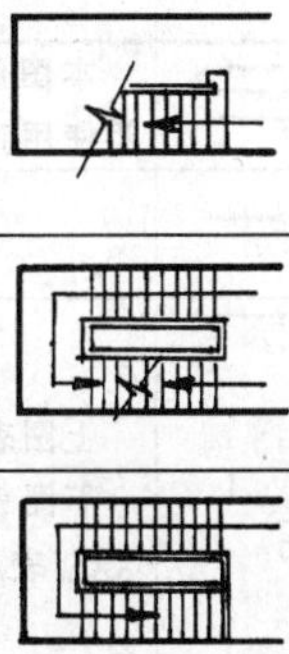	1. 上图为底层楼梯平面，中图为中间层楼梯平面，下图为顶层楼梯平面 2. 楼梯的形式及步数应按实际情况绘制
隔断		1. 包括板条抹灰、木制、石膏板、金属材料等隔断 2. 适用于到顶与不到顶隔断			
栏杆		上图为非金属扶手 下图为金属扶手			

续表

名 称	图 例	说 明	名 称	图 例	说 明
检查孔		左图为可见检查孔 右图为不可见检查孔	烟 道	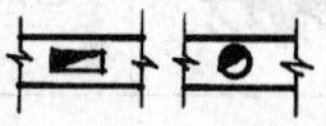	
孔 洞	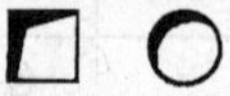		通风道	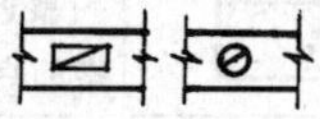	
墙预留洞	 宽×高或φ			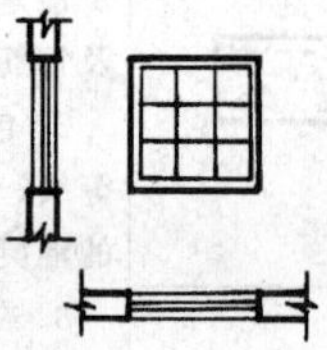	1. 窗的名称代号用 C 表示 2. 立面图中的斜线表示图的开关方向,实线为外开,虚线为内开;开启方向线交角的一侧为安装合页的一侧,一般设计图中可不表示 3. 剖面图上左为外、右为内,平面图上下为外、上为内 4. 平、剖面图上的虚线仅说明开关方式,在设计图中不需表示 5. 窗的立面形式应按实际情况绘制
墙预留槽	 宽×高×深或φ		单层固定窗		
空门洞	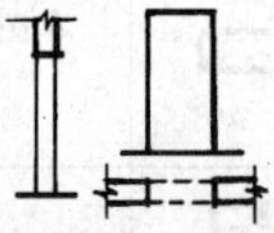				
单扇门（包括平开或单面弹簧）		1. 门的名称代号用 M 表示 2. 剖面图上左为外、右为内,平面图上下为外、上为内 3. 立面图上开启方向线交角的一侧为安装合页的一侧,实线为外开,虚线为内开 4. 平面图上的开启弧线及立面图上的开启方向线,在一般设计图上不需表示,仅在制作图上表示 5. 立面形式应按实际情况绘制	单层外开平开窗		
双扇门（包括平开或单面弹簧）					

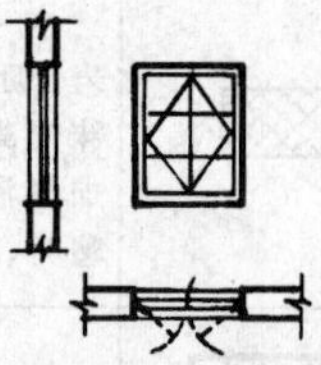

4. 表示水平及垂直运输装置的图例（表2-14）

表 2-14

名 称	图 例	说 明	名 称	图 例	说 明
铁 路	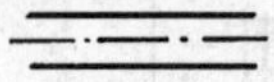	本图例适用标准轨距使用时注明轨距	桥式起重机	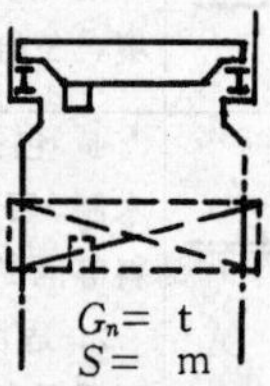 $G_n=$ t $S=$ m	S 表示跨度
起重机轨道					
电动葫芦	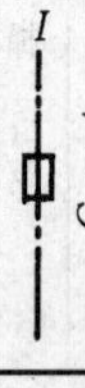 $G_n=$ t	上图表示立面 下图表示平面 G_n 表示起重量	电 梯		电梯应注明类型 门和平衡锤的位置应按实际情况绘制

5. 表示卫生器具及水池的图例（表 2-15）

表 2-15

名 称	图 例	说 明	名 称	图 例	说 明
水盆水池		用于一张图内只有一种水盆或水池	坐式大便器	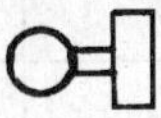	
洗脸盆	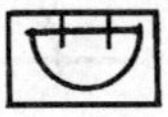		小便槽	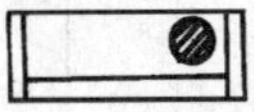	
浴 盆			淋浴喷头	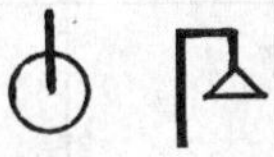	
化验盆洗涤盆	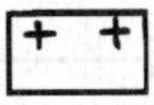		圆形地漏		
盥洗槽	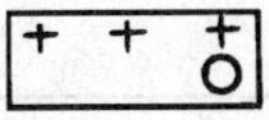		水落口		
污水池			阀门井、检查井	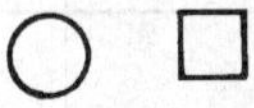	
立式小便器	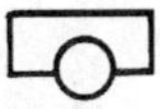		水表井		
蹲式大便器	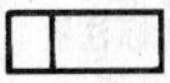		矩形化粪池	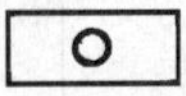	HC 为化粪池代号

6. 钢筋焊接接头标志的图例（表 2-16）

钢筋焊接接头标注方法　　　　表 2-16

名 称	接头型式	标注方法
单面焊接的钢筋接头		
双面焊接的钢筋接头		
用帮条单面焊接的钢筋接头	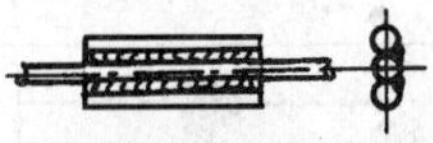	
用帮条双面焊接的钢筋接头	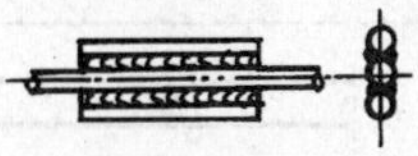	

续表

名　称	接头型式	标注方法
接触对焊（闪光焊）的钢筋接头		
坡口平焊的钢筋接头	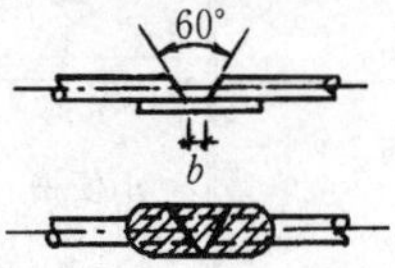	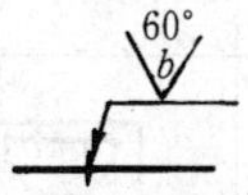
坡口立焊的钢筋接头	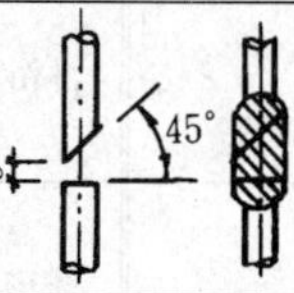	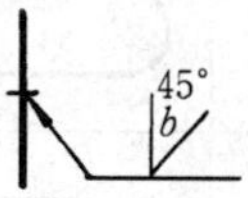

7．钢结构上使用的有关图例（表 2-17～表 2-20）

孔、螺栓、铆钉图例　　　　　　　　　　表 2-17

名　称	图　例	说　明
永久螺栓	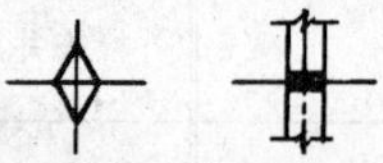	
高强螺栓	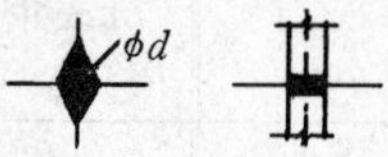	1. 细"+"线表示定位线
安装螺栓	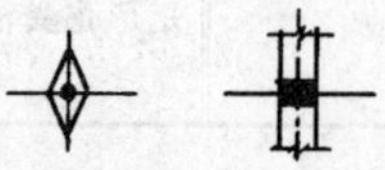	2. 必须标注孔、螺栓、铆钉的直径
螺栓、铆钉的圆孔	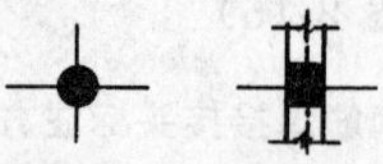	

钢结构焊缝图形符号　　　　　　　　　　表 2-18

焊缝名称	焊缝型式	图形符号
V 形		
V 形（带根）		
不对称 V 形（带根）		
单边 V 形		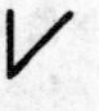

续表

焊缝名称	焊缝型式	图形符号
单边V形（带根）		V
I 形		‖
贴角焊		◿
塞 焊		 ⌴

焊缝的辅助符号　　　　　　　　　　　表 2-19

符号名称	辅助符号	标志方法	焊缝型式
相同焊缝	○	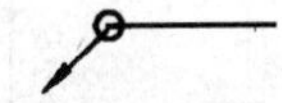	
安装焊缝	╕	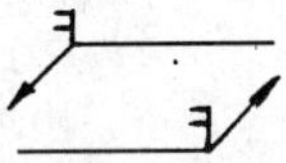	
三面焊缝	⊏	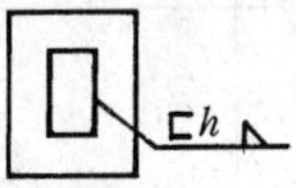 ⊏h	
	⊓	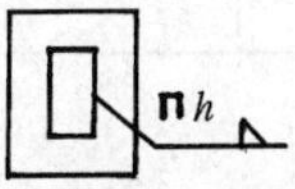 ⊓h	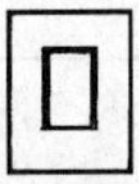
周围焊缝	□	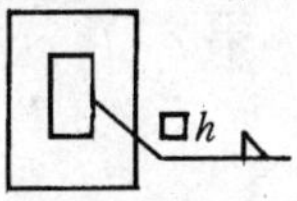 □h	
断续焊缝	∣	 h s/l	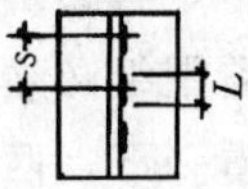 s L

常用焊缝接头的焊缝代号标志方法　　　　　表 2-20

名　称	焊缝型式	标志方法
对接 I 型焊缝	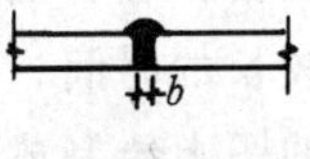 b	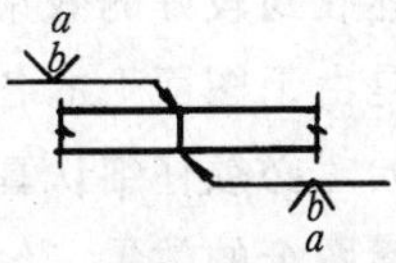 a b / a
对接 I 型双面焊	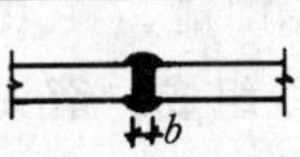 b	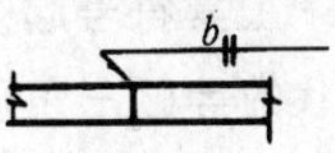 b

续表

名　称	焊缝形式	标志方法
对接 V形焊缝	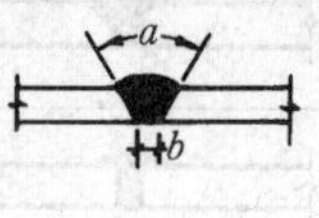	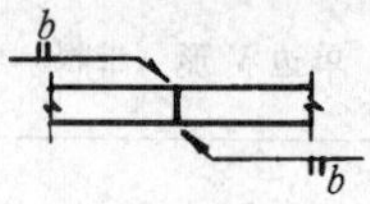
对接 单边V形焊缝	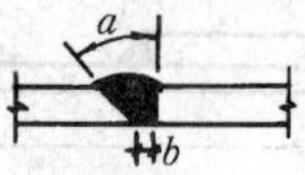	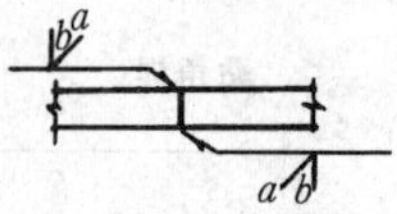
对接 V形带根焊缝	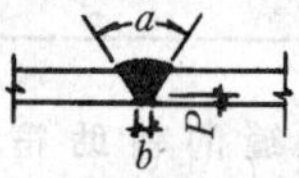	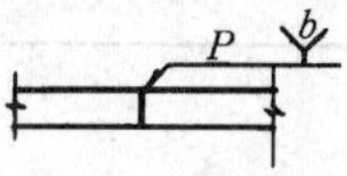
搭接 周边焊缝	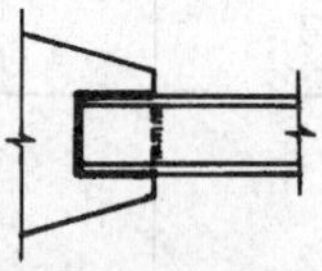	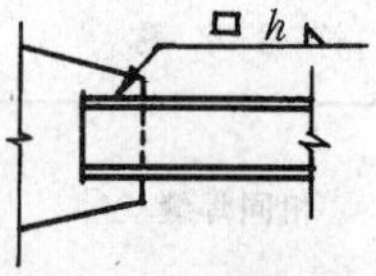
贴角焊接	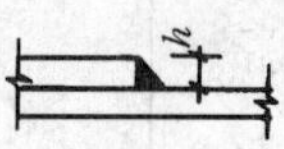	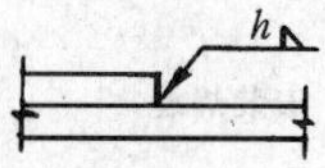
T形接头	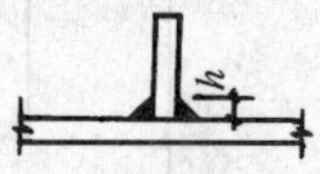	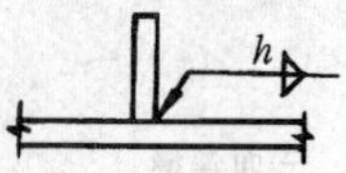

第六节　看图的方法和步骤

一、看图的方法

看图纸必须学会看图的方法。如果我们把一叠图纸展开后，在未掌握看图方法时，往往东看一下，西看一下，抓不住要点，分不清主次，其结果必然是收效甚微。在看图的实践经验中告诉我们，看图的方法一般是先要弄清是什么图纸，根据图纸的特点来看。从看图经验的顺口溜说，看图应："从上往下看、从左向右看、由外向里看、由大到小看、由粗到细看，图样与说明对照看，建施与结施结合看"。必要时还要把设备图拿来参照看，这样看图才能收到较好的效果。

但是由于图面上的各种线条纵横交错，各种图例、符号密密麻麻，对初学的看图者来说，开始时必须仔细认真，并要花费较长的时间，才能把图看懂。本书为了使读者能较快获得看懂图纸的效果，笔者特在举例的图上绘制成一种帮助读者看懂图意的工具符号，我们给这个工具符号起个名字，叫做"识图箭"，它由箭头和箭杆两部分组成，箭头是涂黑的带鱼尾状的等腰三角形，箭杆是由直线组成，箭头所指的图位，即是箭杆上文字说明所要解释的部位，起到说明图意内容的作用。这个"识图箭"所起的作用，就是为帮助初学识图者，迅速看懂图纸的一种辅助措施。

本书自第三章起，各章的插图，笔者均绘有"识图箭"，现将本书插图中所采用的三种"识图箭"的形式绘出如图2-39所示，供读者在看图时加以识别。这里附带说明一下，"识图箭"与图纸上的引出线是有区别的。"识图箭"所指处端头均绘有黑色箭头，是笔者增绘在图纸上的一个工具符号；而"引出线"的直线端头点无箭头，是原有图纸中的一个制图符号。

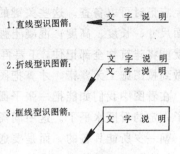

图 2-39 识图箭

二、看图的步骤

一般的看图步骤如下：

（1）图纸拿来之后，应把目录看一遍。了解是什么类型的建筑，是工业厂房还是民用建筑，建筑面积多大，是单层、多层还是高层，是哪个建设单位，哪个设计单位，图纸共有多少张等。这样对这份图纸的建筑类型有了初步的了解。

（2）按照图纸目录检查各类图纸是否齐全，图纸编号与图名是否符合；如采用相配的标准图则要了解标准图是哪一类的，图集的编号和编制的单位，要把它们准备存放在手边以便到时可以查看。图纸齐全后就可以按图纸顺序看图了。

（3）看图程序是先看设计总说明，了解建筑概况，技术要求等等，然后看图。一般按目录的排列往下逐张看图，如先看建筑总平面图，了解建筑物的地理位置、高程、坐标、朝向，以及与建筑有关的一些情况。如果是一个施工技术人员，那么他看了建筑总平面之后，就得进一步考虑施工时如何进行平面布置等设想。

（4）看完建筑总平面图之后，则先看建筑施工图中的建筑平面图，了解房屋的长度、宽度、轴线尺寸、开间大小、一般布局等。再看立面图和剖面图，从而达到对这栋建筑物有一个总体的了解。最好是通过看这三种图之后，能在脑子中形成这栋房屋的立体形象，能想象出它的规模和轮廓。这就需要运用自己的生产实践经历和想象能力了。

（5）在对建筑图有了总体了解之后，我们可以从基础图一步步地深入看图了。从基础的类型、挖土的深度、基础尺寸、构造、轴线位置等开始仔细地阅读。按基础—结构—建筑（包括详图）这个施工顺序看图，遇到问题还要记下来，以便在继续看图中得到解决，或到设计交底时提出。在看基础图时，还可以结合看地质勘探图，了解土质情况以便施工时核对土质构造。

（6）在图纸全部看完之后，可按不同工种有关的施工部分，将图纸再细读，如砌砖工序要了解墙厚度、高度、门、窗口大小，清水墙还是混水墙，窗口有没有出檐，用什么过梁等等。木工工序就关心哪儿要支模板，如现浇钢筋混凝土梁、柱就要了解梁、柱断面尺寸、标高、长度、高度等等；除结构之外木工工序还要了解门窗的编号、数量、类型和建筑上有关的木装修图纸。钢筋工序则凡是有钢筋的地方，都要看细，经过翻样才能配料和绑扎。其他工序都可以从图纸中看到施工需要的部分。除了会看图之外，有经验的人还要考虑按图纸的技术要求，如何保证各工序的衔接以及工程质量和安全作业等。

（7）随着生产实践经验的增长和看图知识的积累，在看图中间还应该对照建筑图与结构图看看有无矛盾，构造上能否施工，支模时标高与砌砖高度能不能对口（俗称能不能交圈）等等。

通过看图纸，详细了解要施工的建筑物，在必要时边看图边做笔记，记下关键的内容，以免忘记时可以备查。这些关键的东西是轴线尺寸、开间尺寸、层高、楼高、主要梁、柱截面尺寸、长度、高度；混凝土强度等级，砂浆强度等级等等。当然在施工中不能一次看图就能将建筑物全部记住，还要再结合每个工序再仔细看与施工时有关的部分图纸。总之，能做到按图施工无差错，才算把图纸看懂了。

在看图中我们如能把一张平面上的图形，看成为一栋带有立体感的建筑形象，那就具有了一定的看图水平了。这中间需要经验，也需要我们具有空间概念和想象力。当然这不是一朝一夕所能具备的，而是要通过积累、实践、总结，才能取得的。只要我们具备了看图的初步知识，又能虚心求教，循序渐进，达到会看图纸，看懂图纸是不难办到的。

第三章 怎样看建筑总平面图

第一节 什么是建筑总平面图

建筑总平面图是表明需建设的建筑物所在位置的平面状况的布置图。其中有的布置一个建筑群,有的仅是几栋建筑物,有的或许只有一、两座要建的房屋。这些建筑物可以在一个广阔的区域中,也可以在已建成的建筑群之中;有的在平地,有的在城市,有的在乡村,有的在山陵地段,情形各不相同。因此,建筑总平面图根据具体条件、情况的不同其布置亦各异。近几年来,各地的开发区,其所绘制的建筑总平面图,往往要用很多张图纸拼起来才行。

建筑群的总平面图的绘制,建筑群位置的确定,是由城市规划部门先把用地范围规定下来后,设计部门才能在他们规定的区域内布置建筑总平面。当在城市中布置需建房屋的总平面图时,一般以城市道路中心线为基准,再由它向需建设房屋的一面定出一条该建筑物或建筑群的"红线"(所谓"红线"就是限制建筑物的界限线),从而确定建筑物的边界位置,然后设计人员再以它为基准,设计布置这群建筑的相对位置,绘制出建筑总平面布置图。

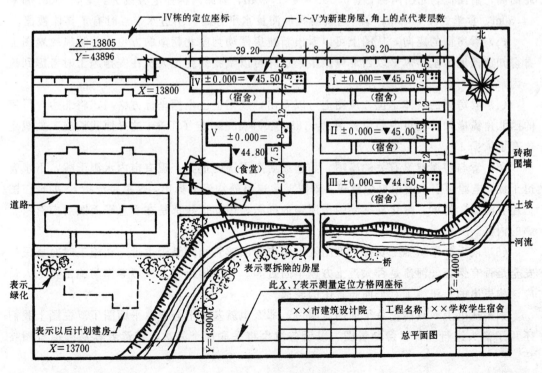

图 3-1 建筑总平面图

若为仅单独一栋房屋，又在城市交通干道附近，那么它一定要受"红线"的控制。如果它在原有建筑群中建造，那么它要受原有房屋的限制，如两栋房屋在同一朝向时，要考虑光照，那么其前后间相隔的距离，应为前面房屋高度的1.1～1.5倍，楼房与楼房之间的侧向距离应不小于通道、小路的宽度，和防火安全要求的距离，一般为4～6m。

图3-1是几栋需建造的房屋的总平面布置图的例子，作为学看建筑总平面的练习。

第二节　怎样看建筑总平面图

一、总平面图的内容

从图3-1中我们可以看到总平面图的基本组成有房屋的方位，河流、道路、桥梁、绿化、风玫瑰和指北针，原有建筑，围墙等等。

二、怎样看图

我们怎样看图和应记住些什么，在这里我们以图2-1为例来进行"解剖"。

(1) 先看新建的房屋的具体位置，外围尺寸，从图中可看到共有五栋房屋是用粗实线画的，表示这五栋房屋是新设计的建筑物，其中四栋宿舍，一栋食堂，房屋长度均为39.20m（国家标准规定总平面图上的尺寸单位为"m"），相隔间距8m，前后相隔12.00m，住宅宽度7.50m，食堂是工字形，一宽8m，一宽12.00m。因此得出全部需占地范围为86.40m长，46.5m宽，如果包括围墙道路及考虑施工等因素占地范围还要大，可以估计出约为120.00m长，80.00m宽。

(2) 再看这些房屋首层室内地面的±0.000标高是相当于多少绝对标高。从图上可看出北面高，南面低，北面两栋，±0.000=▼45.50m，前面两栋住宅分别为：▼45.00m和▼44.50m，食堂为▼44.80m等。这就给我们测量水平标高，引进水准点时有了具体数值。

(3) 看房屋的座向，从图上可以看出新建房屋均为座北朝南的方位。并从风玫瑰图上看得知道该地区全年风量以西北风最多，这样可以给我们施工人员在安排施工时考虑到这一因素。

(4) 看房屋的具体定位，从图上可以看出，规划上已根据坐标方格网，将北边Ⅳ号房的西北角纵横轴线交点中心位置用$x=13805$，$y=43896$定了下来。这样使我们施工放线定位有了依据。

(5) 看与房屋建筑有关的事项。如建成后房周围的道路，现有市内水源干线，下水管道干线，电源可引入的电杆位置等（该图上除道路外均没有标出，这里是泛指）。如现在图上还有河流、桥梁、绿化需拆除的房屋等的标志，因此这些都是在看总平面图后应有所了解的内容。

(6) 最后如果从施工安排角度出发，还应看旧建筑相距是否太近，在施工时对居民的安全是否有保证，河流是否太近土方坡牢固否等。如何划出施工区域等作为施工技术人员应该构思出的一张施工总平面布置图的轮廓。

如果从以上六点能把总平面图看明白，那么也就基本上会看总平面图了。在图上我们还用了箭头进行注释，帮助看图，以后各章也将采取这个办法，使读者容易掌握看图技巧。

第三节 根据总图到现场进行草测

对整套图纸阅读后，了解了总图的布置，房屋的方向、坐标等，在设计图纸交底之前，施工人员还应到应建房屋的现场进行草测。草测的目的是为核对总图与实地之间有否矛盾。我们有过这方面的经验，尤其在老的建筑物之间建造新房，往往会发生设计的总图尺寸在实地容纳不下。有的则由于受外界环境影响，不允许建筑物在总图上设计的位置布放，如当建造后离高压输电线太近，违反了电力安全规定，这时建筑物必须重新布置，以避开这些危险设施。发现这些问题之后，应在设计交底前向设计部门提出，便于他们考虑修改。我们曾碰到过几例，有的将房屋长度方向减少开间，缩短尺寸来解决；有的作平移位置；有的适当转一定的朝向；使房屋的施工能够顺利进行。当然这么处理都要通过设计和规划部门。

草测就是为初步探测实地情况而做的工作。一般只要用一只指南针，一根 30m 的皮尺，一支以 3∶4∶5 钉制的角尺（每边可长 1~1.5m）即可进行。测定时可利用原有的与总图上所标相符的地物、地貌，再用指南针大致定向，用皮尺及角尺粗略地确定新建筑的位置。

(1) 假如所建场地为一片空旷地，如图 3-1 所示（假设图上无原有建筑）。草测时可以将南边的河道岸边作为 X 坐标，其 X 值可以从图上按比例量一量，约为 $X=13740$，由该处向北丈量 70~80m，在该区域中无影响建造的障碍或高压电线；然后以河道转弯处算作 $Y=44000$ 的起始线，往西丈量 100~120m 无障碍，那么说明该总图符合现场实际，施工不会发生困难。

(2) 假如在旧有建筑中建新房，这时的草测就更简单些。只要丈量原有建筑之间的距离，能容下新建筑的位置，并在它们之间又有一定安全或光照距离，那么是可以进行建筑的。

如果在草测中发现设计的总图与实地矛盾较大，施工单位必须向建设单位、设计部门发出通知，请该两方人员一起到现场核实，再由建设单位和设计单位作出解决矛盾的处理意见。只有在正式改正通知取得后，才能定位放线进行施工。这是阅看总图结合实际需进行的工作。

第四节 新建房屋的定位

我们会看了总平面图之后，了解了房屋的方位、坐标，就可以把房屋从图纸上"搬"到地上面，这就叫房屋的定位。这也是看懂总平面图后的实际应用，当然真正放出灰线可以挖土施工，还要看基础平面图和房屋首层的平面图。

这里简单介绍一下，根据总平面图的位置，初步粗草的确定房屋的位置的方法。

一、仪器定位法

仪器定位就是用侧量中的经纬仪和钢卷尺、小白线（或细麻线），结合起来定出房屋的初步位置。其定位步骤如下：

(1) 将仪器（经纬仪）放在已给出的方格网交点上如图 3-1 中 $x=13800$，$y=43900$，$x=13700$，$y=44000$ 即为方格网，$x=13800$ 线和 $y=43900$ 线交于 A 点（见图 3-2）。假如

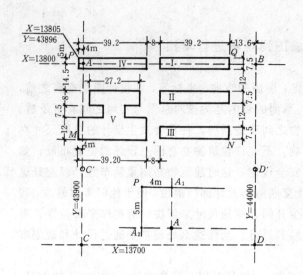

图 3-2 定位

我们将仪器先放在 A 点（一般这种点都有桩点桩位），前视 C 点，后倒镜看 A_1 点，并量取 A_1 到 A 的尺寸为 5m，固定 A_1 点。5m 这值是根据 IV 号房角已给定的坐标 $x=13805$。而 A 点的 $x=13800$，所以 $13805-13800=5$m，（总平面上尺寸单位为米，前面已讲过）。再由 A 点用仪器前视看 B 点，倒镜再看 A_2 点，并量取 4m 尺寸将 A_2 点固定。

（2）将仪器移至 A_1 点，前视 A 或 C 点（其中一点可作检验）后转 90°看得 P 点并量出 4m 将 P 点固定，这 P 点也就是规划给定的坐标定位点。

（3）将仪器移至 P 点，前视 A_2 点可延伸到 M 点，前视 A_1 点可延伸到 Q 点，并用量尺的方法将 Q、M 点固定，再将仪器移到 Q 或 M 将 N 点固定后，这五栋房屋的大概位置均已定了。由于是粗略草测定位，用仪器定位只要确定几个控制点就可以了。其中每栋房屋的草测可以用"三、四、五"放线方法粗略定位。

二、"三、四、五"定位法

这个定位方法实际是利用勾股弦定律，按 3∶4∶5 的尺寸制做一个角尺，使转角达到 90°角的目的。定位时只要用角尺、钢尺、小线三者就可以初步草测定出房屋外围尺寸、外框形状和位置。

"三、四、五"定位法，是工地常用的一种简易定位法，其优点是简便、准确。

以上讲的用总平面图来定房屋大致位置的方法是粗略的，真正的施工放线是一项专门的工作，这里不作详细的叙述了。该套丛书中有一本专门叙述测量放线的内容可以阅读。

第四章 怎样看房屋的建筑图

第一节 什么是建筑图

建筑图是房屋建筑的施工图纸中关于建筑构造的那部分图。在图纸目录中把这部分图在图号栏中标为"建施××"。这类图纸主要是表明建筑物内部的布置和外部的装饰，以及施工需用的材料和施工要求的图样。总之，这类图纸只表示建筑上的构造，非结构性承重需要的构造。有时为了节省图纸，在混合结构的建筑施工图纸中，建筑图和结构图不是绝然分开的。如砖墙的厚度、高度、轴线结构与建筑是一致的，所以为了减少纸张两者就可以合一而用。建筑施工图主要用来作为放线、装饰的依据。它分为建筑平面图、立面图、剖面图和详图（包括标准图）。此外按建筑类型又分为工业和民用建筑两大类。因此又有工业建筑施工图和民用建筑施工图之区分。

一、什么是建筑平面图

建筑平面图就是将房屋用一个假想的水平面，沿窗口（位于窗台稍高一点）的地方水平切开，这个切口下部的图形投影至所切的水平面上，从上往下看到的图形即为该房屋的平面图。而设计时，则是设计人员根据业主提出的使用切能，按照规范和设计经验构思绘制出房屋建筑的平面图。

建筑平面图包含的内容为：

（1）由外围看可以知道它的外形、总长、总宽以及建筑的面积，像首层的平面图上还绘有散水、台阶、外门、窗的位置，外墙的厚度，轴线标法，有的还可能有变形缝，外用铁爬梯等图示。

（2）往内看可以看到图上绘有内墙位置、房间名称，楼梯间、卫生间等布置。

（3）从平面图上还可以了解到开间尺寸，内门窗位置，室内地面标高，门窗型号尺寸以及表明所引详图等符号。

平面图根据房屋的层数不同分为首层平面图，二层平面图，三层平面图等等。如果楼层仅与首层不同，那么二层以上的平面图又称为标准层平面图。最后还有屋顶平面图，屋顶平面图是说明屋顶上建筑构造的平面布置和雨水泛水坡度情况的图。

二、什么是建筑立面图

建筑立面图是建筑物的各个侧面，向它平行的竖直平面所作的正投影，这种投影得到的侧视图，我们称为立面图。它分为正立面，背立面和侧立面；有时又按朝向分为南立面，北立面，东立面，西立面等。立面图的内容为：

（1）立面图反映了建筑物的外貌，如外墙上的檐口、门窗套、出檐、阳台、腰线、门窗外形、雨篷、花台、水落管、附墙柱、勒脚、台阶等等构造形状；同时还表明外墙的装修做法，是清水墙还是抹灰，抹灰是水泥还是干粘石，还是水刷石，还是贴面砖等等。

（2）立面图还标明各层建筑标高、层数，房屋的总高度或突出部分最高点的标高尺寸。

有的立面图也在侧边采用竖向尺寸,标注出窗口的高度,层高尺寸等。

三、什么是建筑剖面图

为了了解房屋竖向的内部构造,我们假想一个垂直的平面把房屋切开,移去一部分,对余下部分向垂直平面作正投影,从而得到的剖视图即为该建筑在某一所切开处的剖面图。剖面图的内容为:

(1) 从剖面图可以了解各层楼面的标高,窗台、窗上口、顶棚的高度、以及室内净空尺寸。

(2) 剖面图还画出房屋从屋面至地面的内部构造特征。如屋盖是什么形式的,楼板是什么构造的,隔墙是什么构造的,内门的高度等等。

(3) 剖面图上还注明一些装修做法,楼、地面做法,对其所用材料等加以说明。

(4) 剖面图上有时也可以标明屋面做法及构造,屋面坡度以及屋顶上女儿墙、烟囱等构造物的情形等。

四、什么是建筑详图(亦称大样图)

我们从建筑的平、立、剖面图上虽然可以看到房屋的外形,平面布置和内部构造情况,及主要的造型尺寸,但是由于图幅有限,局部细节的构造在这些图上不能够明确表示出来的,为了清楚地表达这些构造,我们把它们放大比例绘制成(如 1∶20,1∶10,1∶5 等)较详细的图纸,我们称这些放大的图为详图或大样图。

详图一般包括:房屋的屋檐及外墙身构造大样,楼梯间、厨房、厕所、阳台、门窗、建筑装饰、雨篷、台阶等等的具体尺寸、构造和材料做法。

详图是各建筑部位具体构造的施工依据,所有平、立、剖面图上的具体做法和尺寸均以详图为准,因此详图是建筑图纸中不可缺少的一部分。

第二节　民用建筑看图实例

上面一节我们介绍了建筑施工图以及它包括的平面图、立面图、剖面图、详图的内容。在这一节和以下各节,将主要叙述如何看懂这些图纸,要看哪些东西,抓住什么关键,着重在"看"字。我们将用民用建筑和工业厂房两大类型的各种图纸,进行看图,并采用识图箭的方法结合书中的文字说明,以达到初学者能够学会看图纸的要领。

一、民用建筑平面图的看法

我们在这里用图 4-1 这张建筑平面图,作为看图的例子,这是一张小学教学楼的首层平面图。下面来谈谈看图的方法。

1. 看图的顺序

(1) 先看图纸的图标,了解图名、设计人员、图号、设计日期、比例等。

(2) 看房屋的朝向、外围尺寸、轴线有几道,轴线间距离尺寸,外门、窗的尺寸和编号,窗间墙宽度,有无砖垛,外墙厚度,散水宽度,台阶大小,雨水管位置等等。

(3) 看房屋内部,房间的用途,地坪标高,内墙位置、厚度,内门、窗的位置、尺寸和编号,有关详图的编号、内容等。

(4) 看剖切线的位置,以便结合剖面图时看图用。

(5) 看与安装工程有关的部位、内容,如暖气沟的位置等。

2. 具体如何"看"?

从图 4-1 中我们如下进行看图:

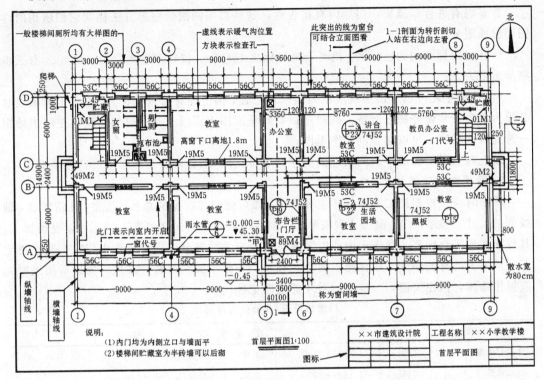

图 4-1

(1) 我们从图标中可以看到这张图是××市建筑设计院设计的,是一座小学教学楼,这张图是该楼的首层平面图,比例为 1:100。

(2) 我们看到该栋楼是朝南的房屋。纵向长度从外墙边到边为 40100(即 40m 零 10cm),由横向 9 道轴线组成,轴线间距①~④轴是 9000(即 9m,注以后从略),⑤~⑥轴线是 3600,而①~②,②~③,③~④各轴线间距离均为 3000,其他从图上都可以读得各轴间尺寸。横向房屋的总宽度为 14900,纵向轴线由Ⓐ Ⓑ Ⓒ Ⓓ四道组成,其中Ⓐ~Ⓑ及Ⓒ~Ⓓ轴间距离均为 6000,Ⓑ~Ⓒ轴为 2400。我们还可以从外墙看出墙厚均为 370,而且①、⑨、Ⓐ、Ⓓ这些轴线均为墙的偏中位置,外侧为 250,内侧为 120。

我们还看到共有三个大门,正中正门一樘,两山墙处各有一樘侧门。所有外窗宽度均为 1500,窗间墙尺寸也均有注写。

散水宽度为 800,台阶有三个,大的正门的外围尺寸为 1800×4800,侧门的为 1400×3200,侧门台阶标注有详图图号是第 5 张图纸 1~4 节点。

(3) 从图内看,进大门即是一个门厅,中间有一道走廊,共六个教室,两个办公室,两上楼梯间带底下贮藏室,还有男、女厕所各一间。楼梯间、厕所间图纸都另有详细的平面及剖面图。

内门、窗均有编号、尺寸、位置,从图上可看出门大多是向室内开启的,仅贮藏室向外开的。高窗下口距离地面为 1.80m。

内墙厚度纵向两道为370，从经验上可以想得出它将是承重墙，横墙都为240厚。楼梯间贮藏室墙为120厚。

教室内有讲台、黑板，门厅内有布告栏，这些都用圆圈的标志方法标明它们所用的详图图册或图号。

所有室内标高均为±0.000相当于绝对标高45.30m，仅贮藏室地面为-0.450，有三步踏步走下去。

（4）从图上还可以看出虚线所示为暖气沟位置，沟上还有检查孔位置，这在土建施工时必须为水暖安装做好施工准备。同时可以看到平面图上正门处有一道剖切线，在间道处拐一弯到后墙切开，可以结合剖面图看图。

以上四点说明和图中识图箭上的文字说明，结合起来就可以初步看明白这张平面图了。

3. 看了图应先抓住什么？

看图时应该根据施工顺序抓住主要部位。如应先记住房屋的总长、总宽，几道轴线，轴线间的尺寸，墙厚，门、窗尺寸和编号，门窗还可以列出表来（如表4-1），可以提请加工。其他如楼梯平台标高，踏步走向，以及在砌砖时有关的部分应先看懂，先记住。其次再记下一步施工的有关部分，往往施工的全过程中，一张平面图要看好多次。所以看图纸时先应抓住总体，抓住关键，一步步的看才能把图记住。

门窗数量表（此处仅为首层） 表 4-1

门窗名称	代　号	尺　　寸	数量	备　　注
外用双弹簧门	89M_4	2400×2700	1樘	不带纱门
外用双开门	49M_2	1200×2700	2樘	不带纱门
学校专用内门	19M_5	1000×2700	16樘	
木板门	01M_1	800×1960	2樘	用在贮藏室
外开玻璃窗	56C	1500×1800	23樘	不带纱，两樘为磨砂玻璃
外开玻璃窗	53C	1500×900	9樘	

二、民用建筑立面图的看法

我们继续采用这个教学楼的立面图（图 4-2）对照平面图来学习看懂立面图的图纸。

1. 看图顺序

（1）看图标，先辨明是什么立面图（南或北立面、东或西立面）。图4～2是该楼的正立面图，相对平面图看是南立面图。

（2）看标高、层数、竖向尺寸。

（3）看门、窗在立面图上的位置。

（4）看外墙装修做法。如有无出檐，墙面是清水还是抹灰，勒脚高度和装修做法，台阶的立面形式及所示详图，门头雨篷的标高和做法，有无门头详图等等。

（5）在立面图上还可以看到雨水管位置，外墙爬梯位置，如超过60m长的砖砌房屋还有伸缩缝位置等。

2. 如何看立面图？

在图4-2中可以看到这是一张南立面图。

（1）该教学楼为三层楼房。每层标高分别为：3.30m、6.60m、9.90m。女儿墙顶为

图 4-2 正立面图

10.50m，是最高点。竖向尺寸，从室外地坪计起，于图的一侧标出（图上可以看到，此处不一一注写了）。

（2）外门为玻璃大门，外窗为三扇式大窗（两扇开，一扇固定），窗上部为气窗。首层窗台标高为 0.90m，每层窗身高度为 1.80m。

（3）可以看到外墙大部分是清水墙，用 1.1 水泥砂浆勾缝。窗上下出砖檐并用 1.3 水泥砂浆抹面；女儿墙为混水墙，外装修为干粘石分格饰面，勒脚为 45cm 高，采用水刷石分格饰面。门头及台阶做法都有详图可以查看。

（4）可以看到立面上有两条雨水管，位置可以结合平面图看出是在④轴和⑦轴线处，立面图上还有"甲"节点以示外墙构造大样详图。立面上没有伸缩缝，在山墙可以看到铁爬梯的侧面。

图 4-3 是该楼的侧立面图。由于平面上东、西山墙外形相同，因此就只要统一用一个侧立面图，而不必分东立面或西立面绘制了。它们所不同的仅在西山墙上有一座铁爬梯。从侧立面图上可以看到：

（1）标高、层高、竖向尺寸均同南立面。

（2）看到仅中间部分（对照平面图是走道部分），才有门和窗。即首层的侧门和二、三层走道尽端的窗。门的上口标高应为 2.70m，窗子型号同南立面图一样。门头台阶已注明另有详图。

（3）山墙上有一铁爬梯，做法已注明见标准图。

3. 立面图应记住什么？

立面图是一座房屋的立面形象，因此主要的应记住它的外形，外形中主要的是标高，门、窗位置，其次要记住装修做法，哪一部分有出檐，或有附墙柱等，哪些部分做抹面，都要分别记牢。此外如附加的构造如爬梯、水落管等的位置，记住后在施工时就可以考虑随施工的进展进行安装。

总之立面图是结合平面图说明房屋外形的图纸，图示的重点是外部构造，因此这些仅从平面图上是想象不出的，必须依靠立面图结合起来，才能把房屋的外部构造表达出来。

三、民用建筑剖面图的看法

在图 4-1 上绘有一条"1-1"剖面的剖切线。现在就由这个剖切线剖切得到的剖视图绘成一张剖面图。见图 4-4。

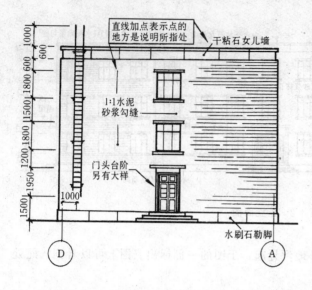

图 4-3 侧立面图

1. 民用建筑剖面图的特点

我们看到的这栋教学楼是一座多层房屋,它的剖面图表示了这栋房屋的内部竖向构造。它每层都以楼板为分界,仿佛成为一个一个的区格。此外剖面图还有一个特点是由于剖切线位置不同,其剖面图的图形也就不同。在平面图上可以剖切许多个剖面,用来说明房屋的内部构造。但一般是根据平面的关键部位来进行剖切。一套图纸大致有一至三张剖面图就可以说明房屋内部的竖向构造了。我们在阅读剖面图时,还应对照平面图一起看,才能对剖面图了解得更清楚。

2. 看剖面图的顺序

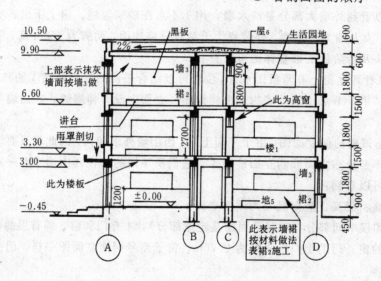

图 4-4 1-1 剖面图

(1) 看平面图上的剖切位置和剖面编号,对照剖面图上的编号是否与平面图上的剖面编号相同。

(2) 看楼层标高及竖向尺寸,楼板构造形式,外墙及内墙门、窗的标高及竖向尺寸,最高处标高,屋顶的坡度等。

(3) 看在外墙突出构造部分的标高,如阳台、雨篷、檐子;墙内构造物如圈梁、过梁的标高或竖向尺寸。

(4) 看地面、楼面、墙面、屋面的做法:剖切处可看出室内的构造物如教室的黑板、讲台等。

(5) 在剖面图上用圆圈划出的,需用大样图表示的地方,以便可以查对大样图。

3. 如何"看"和记住什么？

剖面图拿来后如何"看"图，和应该记住哪些关键，我们认为应按上述的看图程序从底层往上看。我们可以用图 4-2 作为看剖面图的例子。从图上可以看到：

(1) 该教学楼的各层标高为 3.30m、6.60m、9.90m、檐头女儿墙标高为 10.50m。

(2) 我们结合立面图可以看到门、窗的竖向尺寸为 1800，上层窗和下层窗之间的墙高为 1500，窗上口为钢筋混凝土过梁，内门的竖向尺寸为 2700，内高窗为离地 1800，窗口竖向尺寸为 900，内门内窗口上亦为钢筋混凝土过梁。

(3) 看到屋顶的屋面做法，用引出线作了注明为屋6；看到楼面的做法，写明楼面为楼1，地面为地5等；这些均可以看材料做法表。从室内可见的墙面也注写了墙3做法，墙裙注了裙2的做法等。此处附上材料做法表，见表4-2。

建 筑 材 料 做 法 表   表 4-2

名　称	做 法 顺 序	名　称	做 法 顺 序
地₅	1. 素土夯实基层 2. 100 厚 3：7 灰土垫层 3. 70 厚 C10 混凝土 4. 素水泥浆结合层一道 5. 20 厚 1：2.5 水泥砂浆抹面压实赶光	楼₁	1. 钢筋混凝土楼板 2. 素水泥浆结合层一道 3. 40 厚 1：2：4 豆石混凝土撒 1：1 水泥砂子压实赶光
墙₃	1. 13 厚 1：3 白灰砂浆打底 2. 3 厚纸筋白灰膏罩面 3. 喷大白浆	裙₂	1. 13 厚 1：3 水泥砂浆打底扫毛 2. 5 厚 1：2.5 水泥砂浆罩面压实赶光
屋₆	1. 钢筋混凝土预制楼板，（平放） 2. 1：8 水泥焦碴找 2% 坡度（0～140）平均厚70，压实、找坡 3. 干铺 100 厚加气混凝土块平整，表面扫净 4. 20 厚 1：3 水泥砂浆找平层 5. 二毡三油防水层，其上用推铺粘结 3～6mm 直径的小豆石		

(4) 可看出屋面的坡度为 2%，还有雨篷下沿标高为 3.00m。

(5) 还可以看出每层楼板下均有圈梁。

通过看剖面图应记住各层的标高，各部位的材料做法，关键部位尺寸如内高窗的离地高度，墙裙高度。其他如外墙竖向尺寸、标高，可以结合立面图一起记就容易记住，这在砌砖施工时很重要。同时由于建筑标高和结构标高有所不同，所以楼板面和楼板底的标高必须通过计算才能知道。如二层楼面为 3.30m 标高，当楼板为长向空心板时厚度为 180。楼1做法是板面上做 40 厚豆石混凝土一次压光楼面，因此楼板面的标高为 3.30m 减去 4cm，为 3.26m。楼板底的标高就为 3.26m 再减去 18cm，为 3.08m。这也称为板底的结构标高，砌砖和做圈梁的标高就要按它推算出来，经过计算的这些标高也都应该记住。所以看图纸不光是"看"，有时还得从图纸上要得到我们应该知道的数据，对于未标明的尺寸或标高，我们可在已看懂图纸的基础上,把它计算出来,这也是"看"应该懂得的一个方法。

四、看民用建筑的屋顶平面图

屋顶平面图主要说明屋顶上建筑构造的平面布置,它包括如住宅烟囱位置,浴室、厕所的通风通气孔位置,上屋面的出人孔位置,不同房屋的屋顶平面图是不相同的。其次屋顶平面图上还要标志出流水坡度、流水方向、水落管及集水口位置等。屋顶还分为平屋顶、坡屋顶,有女儿墙,或有前后檐的天沟等不同形式。不同的屋顶形状其流水方式不同,平面布置也不一样,这些都要在看图中根据具体图纸来了解它们的构造方式。

下面我们还是利用该教学楼来看图,从而初步了解屋顶平面图的情形。

1. 看图程序

有的屋顶平面图比较简单,往往就绘在顶层平面图的图纸某一角处,单独占用一张图纸的比较少。所以要看屋顶平面图时,需先找一找目录,看它安排在哪张建施图上。

拿到屋顶平面图后,先看它的外围有无女儿墙或天沟,再看流水坡向,雨水出口及型号,再看出人孔位置,附墙的上屋顶铁梯的位置及型号。基本上屋顶平面就是这些内容,总之是比较简单的。

2. 看图 4-5 这张屋顶平面图

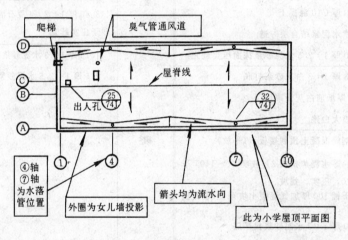

图 4-5

(1)我们看出这是有女儿墙的长方形的屋顶。正中是一条屋脊线,雨水向两檐墙流,在女儿墙下有四个雨水入口,并沿女儿墙有泛水坡流向雨水入口。

(2)看出屋面有一出人孔,位于①~②轴线之间。有一上屋顶的铁梯,位于西山墙靠近北面大角,从侧立面知道梯中心离Ⓓ轴线尺寸为1m。

(3)可看到标志那些构造物的详图的标志,如出人孔的做法,雨水出口型号,铁梯型号等。

以上就是民用建筑屋顶平面图的概况。

第三节 工业厂房的看图实例

在这里我们用一栋单层工业厂房(机修车间)的图纸,作为我们看图的例子。

一、工业厂房平面图的看法

1. 看图的顺序

(1) 工业图开始也先看该图纸的图标,从而了解图名、图号、设计单位、设计日期、比例等。图的具体内容可参阅图4-6。

(2) 看车间朝向,外围尺寸,轴线的布置,跨度尺寸,围护墙的材质、厚度,外门、窗的尺寸、编号,散水宽度,门外礓磋或坡台阶的尺寸,有无相联的露天跨的柱及吊车梁等等。

(3) 看车间内部,有关土建的设施布置和位置,桥式吊车(俗称天车)的台数和吨位,有无室内电平车道,以及车间内的附属小间,如工具室、车间小仓库等等。

(4) 看剖切线位置,和有关详图的编号标志等,以便结合看其他的图。

2. 具体进行看图

(1) 从图标中了解到这张图是××工业部设计院设计的,××厂的机修车间,设计日期是1973年7月,比例是1:200。

(2) 看到这座车间是朝东的,共有十条柱轴线,柱距是6m,为标准柱距。外墙围护是240厚的砖墙,因此纵向全长是54480。横向共有两跨,一跨为18m,一跨为12m,因此横向外围尺寸为30480。纵向是①~⑩十道轴线;横向是Ⓐ、Ⓑ、Ⓒ 三道主轴线和三道挡风柱轴线1/A、2/A和1/B,外墙有三樘大门。外墙窗子全为钢组合窗,并注有宽度尺寸。散水宽度为1m。坡形台阶的外围尺寸为西面一个大些,是6m宽度,南面那个小些为5m宽。台

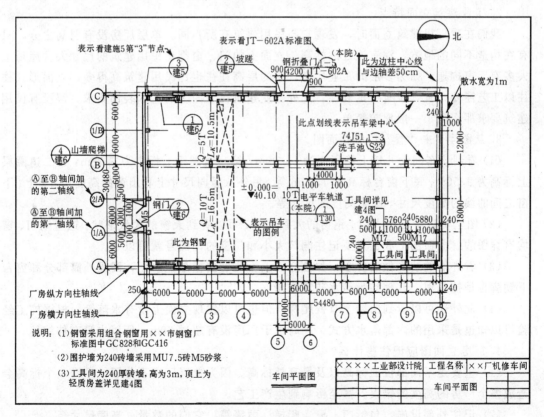

图4-6 车间平面图

阶做法在建5图上。

(3) 看车间内部有工具间、洗手池、电平车等的位置，其中通两跨的10t电平车道有标准图参照施工，中间柱⑥～⑦轴间是一洗手池，东跨⑧～⑩轴角上有辅助用房—工具间，小房还有门。门的编号是 M_{170} 此外，Ⓑ～Ⓒ跨中有一台5t桥式吊车，Ⓐ～Ⓑ跨中有一台10t桥式吊车。在①～②轴间有上吊车的钢梯。室内地坪±0.000相当于绝对标高40.10m。

(4) 看到剖切线的位置是从⑦～⑧轴切开，可以结合剖面图看到房屋构造。

3. 看工业厂房平面图应记住什么？

工业厂房主要抓住柱轴线，柱网的布置。记住柱距，跨度，尤其柱距有变化的地方，如大的车间有12m、18m的柱距的地方；有伸缩缝的地方及山墙的地方，按国家标准《厂房建筑统一化基本规则》的规定，伸缩缝及山墙处相邻的柱子的中心到中心距离仅为5500，而不是标准柱距6000，但轴线仍为6000（可以从图上①～②轴及⑨～⑩轴看出），这点应注意到。记住柱网布置之后，再去记围护墙、门、窗及其他构造，其中如电平车轨道等均有详细图纸，在初看图时可以先有一个印象，待到具体施工时，再可以详细看这些图纸细节并记住它们。

二、工业厂房立面图的看法

我们用相对于图4-6这个车间的平面图，绘成正立面图4-7（a）和侧立面图4-7（b），来看工业厂房的立面图。从图4-7上可以看出它与民用建筑立面图有所不同。

1. 看图顺序同民用建筑相同
2. 工业建筑立面特点

我们在看厂房建筑立面时，发现它与民用建筑有所不同。单层厂房没有层高之分，只有在构造不同的地方，注有该处的标高。立面上的门、窗都比民用建筑的尺寸大。屋顶上大多有天窗构造。如为多层的工业厂房，它的层高往往也比民用建筑高得多，立面形式往往以工艺需要布置，没有一定规律。此外工业建筑在立面上的艺术装饰要求，都没有民用建筑要求那么高，一般比较简单。

3. 从图4-7来"看"厂房立面图

(1) 看到该车间女儿墙上檐标高为11.00m，第一道圈梁上标高为5.75m，第二道圈梁上标高为9.50m，底下窗台标高为1.00m等。另外从竖向尺寸上看出窗的高度尺寸，上、下窗之间的墙的高度尺寸，圈梁高度的尺寸等。

(2) 图上可以看出钢大门、钢窗的大致形状，可以看到天窗的大致形状。这些钢门、窗均有详图的。立面图上我们只要记住洞口大小和门窗的详图号就可以了。

(3) 看外墙的装饰做法要求，如该立面上女儿墙出檐是抹水泥，圈梁外露部分和窗台下勒脚也是抹水泥，其他均为清水砖墙勾缝。

(4) 此外还可以看到山墙上有铁爬梯，但也可以发现立面上没有水落管，根据施工经验可以知道是采用的内部落水方式。同时由于厂房没有超过60m，所以也没有伸缩缝。

4. 厂房立面图应记住些什么？

(1) 主要是不同部位的标高以及最高处标高。因为单层厂房不分层，弄错一个标高会造成整个厂房的高度的错误。甚至影响到生产工艺。

(2) 记住外部设施，包括门、窗、爬梯、雨篷等，它们的数量、高度尺寸等。

(3) 记住装饰做法，除一般抹水泥做法外，有没有其他特殊要求的做法。

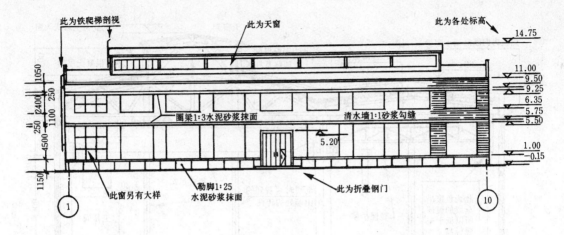

正立面图

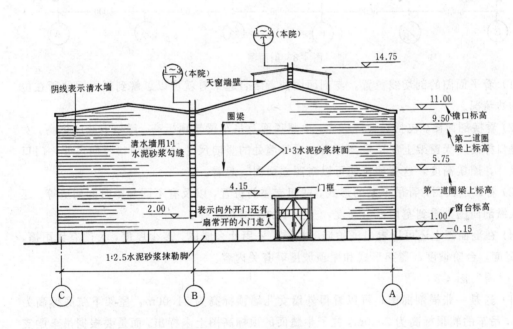

侧立面图

图 4-7

三、工业厂房的剖面图看法

从图 4-6 这个车间平面图，我们剖切出工业厂房的剖面图，得到图 4-8。

1. 单层工业厂房剖面图的特点

单层工业厂房一般要有一个横剖面，一个纵剖面，来说明厂房内部的构造。单层厂房的建筑剖面图，同样适用于结构安装时施工使用，因此结构施工图中一般就不绘剖面图了。工业厂房的横剖面主要剖切在门口及有天窗处，纵剖面主要是说明纵向吊车梁、柱间支撑、屋架支撑等构造情况。简单的厂房一般有一张剖面图纸就可以说明构造情况了，复杂的厂房也需要用多张剖面图纸才能将厂房内的构造绘制出来。

2. 看单层厂房剖面图的顺序

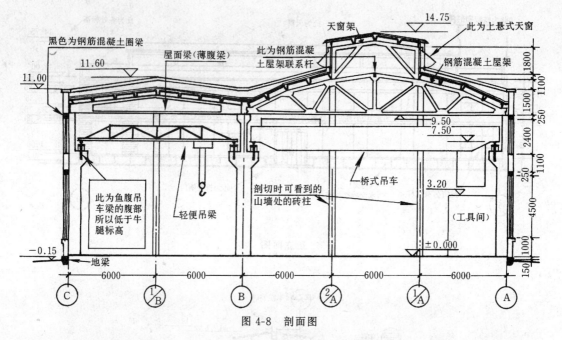

图 4-8 剖面图

(1) 看平面图的剖切线位置，与剖面图两者结合起来看就可以了解到剖面图的所在位置的构造情况。

(2) 看横剖面图，包括看地坪标高，牛腿顶面及吊车梁轨顶标高，屋架下弦底标高，女儿墙檐口标高，天窗架上屋顶最高标高。看外墙处的竖向尺寸（包括窗口竖向尺寸，门口竖向尺寸，圈梁高度，这些项目还可以对照立面图一起看。

(3) 看纵剖面图，看吊车梁的形式，柱间支撑的位置，以及有不同柱距时的构造等。还可以从纵剖面图上看到室内窗台高度，上天车的钢梯构造等。

(4) 在剖面图上还可以看出围护墙的构造，采用什么墙体，多少厚度，大门有无雨篷，散水宽度，台阶坡度，屋架形式和屋顶坡度等有关内容。

3. "看" 图 4-8

(1) 这是一张横剖面图，可以看得外墙女儿墙顶标高为 11.00m，屋架下弦底标高为 9.50m，吊车的轨顶标高为 7.50m，柱子牛腿面的顶标高图上未标出，而是要根据吊车梁支座处高度，加轨道高度用 7.50m 减去，即为柱牛腿上平面应有的标高。假设吊车梁端支座处高度为 450mm，轨道高度为 152mm，那么牛腿上平面标高应为：

$$7500 - 450 - 152 = 6898 \quad 可取 6.90m。$$

这就为吊装柱子确定了标高。牛腿标高是很重要的，如果安装时标高不一致，吊车梁将无法安装，或安好吊车梁之后顶面不平，成了高高低低的折线形状也无法安装轨道。因此看图时对牛腿标高必须记住，或经过精确计算取得。

(2) 横剖面图上还可以读得底层窗台高度为 1000mm，底层窗高为 4500，得到第一道圈梁的底标高为 5.50m，第二层窗高为 2400，第二道圈梁底标高应为 9.25m。此外还从外墙处读到各部位的竖向尺寸。

4. 单层厂房建筑剖面图应记住什么？

单层厂房的剖面图主要是标志厂房标高，竖向尺寸，结构施工时也可以按照它施工，所以应记住的关键是构造形式、标高、竖向尺寸、围护墙厚度、圈梁标高、散水宽度、门口雨篷标高、伸出尺寸等有关的建筑构造的内容。

为了便于记住这些内容，还应该与平面图、立面图结合起来看图，加上自己施工经验和想象力就可以把整个房屋的构造印在自己脑子中了。

四、看工业厂房的屋顶平面图

单层工业厂房的屋顶平面主要是反映流水坡向，有无女儿墙，以及天窗的平面位置，雨水水落口等，我们将图4-6平面的屋顶平面图绘成图4-9，作为看图例子，其看图方法如下：

1. 看图顺序

在找到厂房屋顶平面图之后，其看图顺序基本同看学校屋顶平面图相似。首先看外围尺寸及有无女儿墙，流水走向，上人铁梯，水落口位置，天窗的平面位置等。

2. 看图4-9屋顶平面图

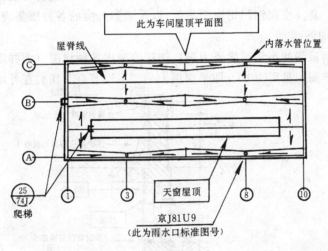

图 4-9

(1) 该厂房屋顶是有女儿墙的，屋面上有天窗，自②轴线到⑨轴线止，在看时脑子中要产生有天窗处的屋顶标高比大屋面标高高出的形象。不能看成在同一平面高度上，这也是看图时应具有的想象力。从剖面图上我们看到屋顶是个折拱形屋架，所以屋脊分水线亦在正中间，流水向前后檐流出。同时从剖面图上看到天窗仅有出水檐，没有天沟及其他构造，因此它的流水下落到大屋面上是自由落水。大屋面的流水是沿女儿墙边流入水落口，图上均有泛水箭头示意。从立面图上看不见水落管，所以我们又想象出它是内排水。

(2) 从屋顶平面上还看出在北山墙处有上屋面的防火铁梯，同时在天窗南端头亦有一座上人铁梯。结合平面及立面图可以看出铁梯正好在⑧轴线中心。上天窗顶的爬梯正设在天窗屋脊正中。

(3) 同样在图上可以看到各类构造的详图标志，如铁梯、水落口等。

以上就是厂房屋顶平面的最简单构造，有些复杂厂房屋顶上有通风构造、风机位置、铁烟囱出口等。这就要根据具体图纸细细看清逐个了解，但基本方法是一样的。

第四节 看建筑施工详图

这里我们主要介绍建筑施工详图的类型和如何看建筑施工详图。

一、民用房屋的建筑施工详图

1. 详图的类型

一般民用建筑除了平、立、剖面图之外,为了详细说明建筑物各部分的构造,常常把这些部位绘制成施工详图。建筑施工图中的详图有:外墙大样图,楼梯间大样图,门头、台阶大样图,厨房、浴室、厕所、卫生间大样图等。同时为了说明这些部位的具体构造,如门、窗的构造,楼梯扶手的构造,浴室的澡盆,厕所的蹲台,卫生间的水池等做法,而采用设计好的标准图册来说明这些详图的构造,从而按这些图进行施工。象门、窗的详图。北京市建筑设计院曾设计了一套《常用木门窗配件图集》作为木门窗构造的施工详图,北京钢窗厂也设计了一套《空腹钢门钢窗图集》。以及诸如此类的各种图集应用于施工中间。

2. 具体详图的阅读

我们仍以前面谈到的小学教学楼为例,选择绘制出各种详图(大样图),来进行看图。

(1) 外墙大样图 见图 4-10。即平面图上的"甲"节点。我们在外墙大样图上可以看

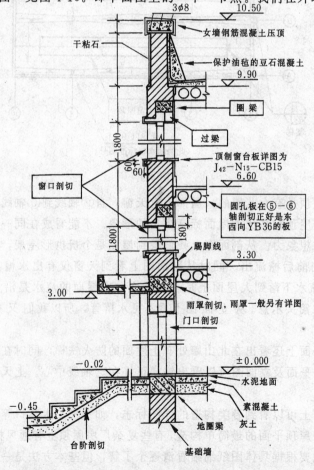

图 4-10 外墙大样

到各层楼面的标高和女儿墙压顶的标高,窗上共需二根过梁,一根矩形,一根带檐子的,窗台挑出尺寸为60,厚度为60,内窗台板采用74J42-N15-CB15的型号,这就又得去查这标准图集,从图集中找到这类窗台板。还可以从大样图上看到圈梁的断面,女儿墙的压顶钢筋混凝土断面,还可以看到雨篷、台阶、地面、楼面等的剖切情形。

总之,外墙大样图主要表明选剖的外墙节点处的具体构造,了解该处的相互联系,使我们施工时对具体的外墙做法有所依据。

(2) 楼梯间的详图　(大样图)我们也将那座小学教学楼的楼梯间取出来绘成大样图,从而了解它的具体构造。见图4-11。

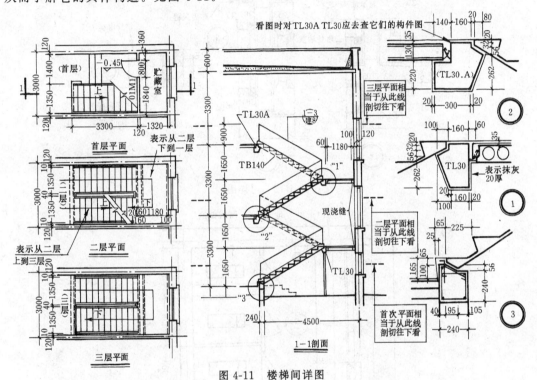

图4-11　楼梯间详图

在楼梯间大样图上可以看到楼梯间的平面、剖面,和节点构造详图。平面图分为一、二、三层,表示出楼梯的走向,平面尺寸。剖面图上可以看到楼层高度,楼梯竖向尺寸,及栏杆做法按建8图1-3号图做。节点详图上表示梁、梯交点的关系和尺寸。

(3) 窗的详图　门、窗的详图一般都有统一的标准图集。对于特殊的或有具体做法要求的窗样,则可绘制具体的施工详图。这里为了学会看懂门、窗节点构造,我们选了北京市常用木门窗标准图集中的56C详图,作为看图的例子。见图4-12。

(4) 厕所大样图　在这里我们把教学楼的男厕所取出来绘成大样图(见图4-13),以便我们了解厕所图纸的内容,学会看这方面的图。

在厕所平面图中我们可以看到有一个小便池,一个拖布池,有四个大便坑并用隔断分开,每个蹲坑都有小门向外开启。隔断墙有具体的标准图,图号为74J52~S28,平面图上还可以看到通气孔的位置,地漏位置等,结合它们的节点图就可以进行施工了。

(5) 讲台、黑板大样图　最后,我们选择教室内的讲台和黑板的建筑详图,见图4-14(a)(b),再看一看这类构造的详图,以增加对不同详图的了解。

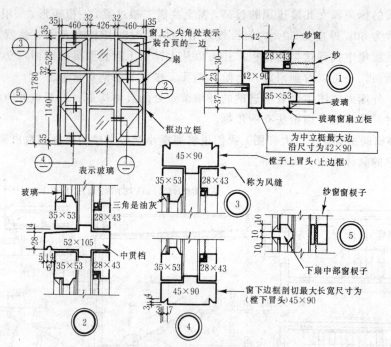

图 4-12 门详图

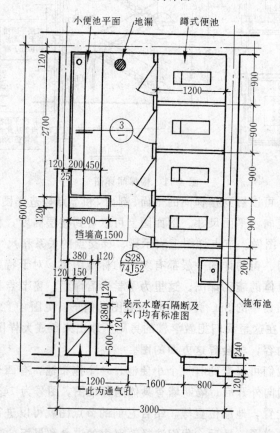

图 4-13 厕所大样图

从平面上可以看到讲台的长度、宽度，黑板的长度。立面上可以看到讲台高度，黑板离地高度，黑板本身的高度、长度。剖面图上可以看出黑板与墙联结的关系等。具体均在图上注明了。

二、工业厂房的建筑详图

工业厂房在建筑构造的详图方面，和民用建筑没有多少差别。但也有些属于工业厂房的专门构造，在民用建筑上是没有的。如天窗节点构造详图，上吊车钢梯详图，电平车、吊车轨道安装详图等这些都属于工业性的，在民用建筑上很少遇到。为此在这里作这方面详图的介绍，便于学会看这方面的图纸。

1. 天窗外墙详图（图 4-15）

在这张图上我们可以看到天窗屋顶构造和屋面做法。出檐为大型屋面板挑出的。窗为上悬式钢窗，窗下为预制钢筋混凝土天窗侧挡板，侧板凹槽内填充加气混凝土块作为保温用。油毡从大屋面上往上铺到窗台檐下面。天窗上出檐下用木丝板固定在木砖上，外抹水泥砂浆。从这张天窗详图上我们了解了构造形式和尺寸，因此我们就从看图上明白了施工的做法、尺寸，就可以进行施工。

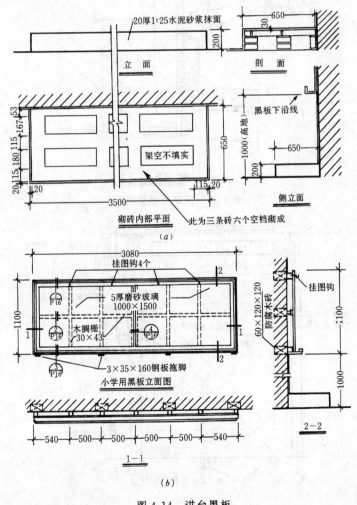

图 4-14　讲台黑板

2. 钢梯的详图（图 4-16）

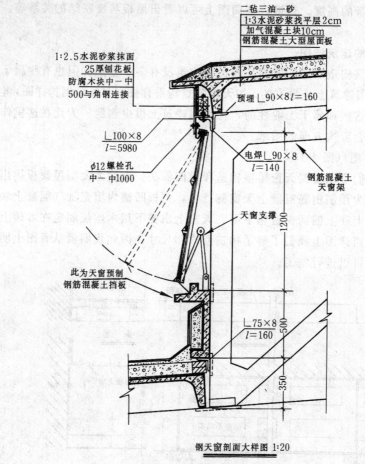

图 4-15 天窗外墙详图

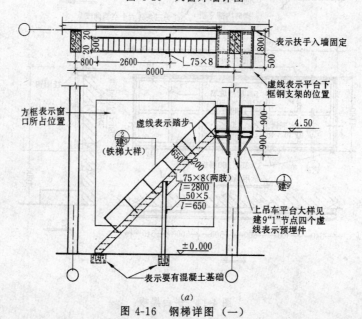

(a)

图 4-16 钢梯详图（一）

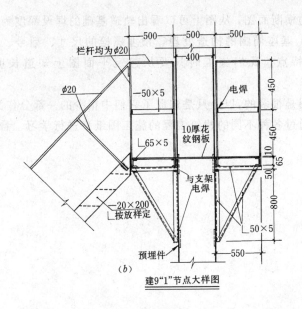

图 4-16 钢梯详图（二）

从钢梯的详图来看，共为两部分。图 4-16（a）为平面及侧面图，图 4-16（b）为平台的构造图。从平面图上看到水平长度尺寸，侧面图上看到梯及平台的高度。同时看到由于梯子较长，中间用⌐75×8 两根角钢焊在梯斜板上作为支撑。以及平台由角钢架焊在柱子预埋件上，用柱子作支柱的构造。具体细部可以见图 4-16（b），因此我们就可以按这些图制作这座钢梯及平台了。

3. 电平车轨道详图（图 4-17）

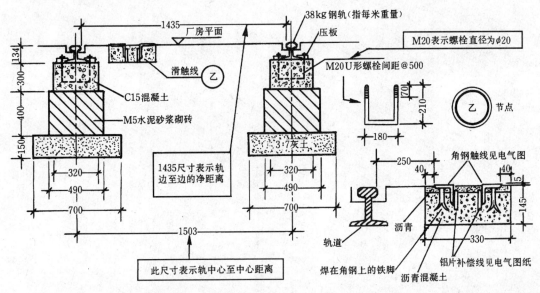

图 4-17 电平车轨道详图

这是一张轨道的横断面图，从图上可以看出轨道基础的埋设深度为984mm，轨道基础使用的材料和尺寸，基座周围的构造处理，预埋螺栓的尺寸、型号、形状等内容。根据它处处相同的断面特点，我们施工时只要从建筑平面图上知道长度后，就可以施工了。

建筑构造的详图是很多的，以上只是选取了它们中很少的一部分作为看详图的参考。各种各样的详图只有通过各种不同的建筑工程的施工图纸来进行学习、看、读，才能不断丰富我们看图的知识。

第五章 怎样看房屋的结构图

第一节 什么是结构图

房屋的结构图也就是一栋房屋的结构构造的施工图纸,在图纸目录中标明为"结施"的那部分图纸。房屋的结构施工图主要反映房屋骨架构造的图形。如砖混结构的房屋,它的结构图主要是墙体、梁或圈梁、门窗过梁、砖柱或混凝土柱、或抗震的构造柱、楼板、楼梯,以及它们的基础。当为钢筋混凝土框架结构的房屋,那么它的结构图主要是柱子、梁、板、楼梯、围护墙体结构等,以及与主体结构相适应的基础,如独立柱基、地梁联结式柱基、筏式基础等。当为单层工业厂房时,称为排架结构。它的结构图主要是柱子、墙梁、吊车梁、屋架、大型屋面板、连系梁等以及柱子下一般称为杯型基础的柱基。

在结构施工图的首页,一般还有结构要求的总说明,主要说明结构构造要求,所用材料要求,钢材和混凝土强度等级,砌体的砂浆强度等级和块体的强度要求,基础施工图还说明采用的地基承载力和埋深要求。如有预应力混凝土结构,还要对这方面的技术要求作出说明。

结构施工图是房屋承受外力的结构部分的构造的图纸。因此阅读时必须细心,因为骨架的质量好坏,将影响房屋的使用寿命,所以看图时对图纸上的尺寸,混凝土的强度等级等必须看清记牢。此外在看图中发现建筑图上与结构图上有矛盾时,一般以结构尺寸为准。这些都是在看图时应注意的。结构施工图一般分为以下几方面:

一、基础施工图

基础施工图主要是将这栋房屋的基础部分的构造绘成图纸。基础的构造形式,和上部结构采取的结构形式有很大关系。一般基础施工图分为:基础平面图和基础大样图。

(1)基础平面图主要表示基础(柱基、或墙基)的位置、所属轴线,以及基础内留洞、构件、管沟、地基变化的台阶、底标高等平面布置情况。

(2)基础大样图主要说明基础的具体构造。一般墙体的基础往往取中间某一平面处的剖面来说明它的构造;柱基则单独绘成一个柱基大样图。基础大样图上标有所在轴线位置,基底标高,基础防潮层面标高,垫层尺寸与厚度。墙基还有大放脚的收放尺寸,柱基有钢筋配筋和台阶尺寸构造。墙基上还有防潮层做法和它与管沟相连部分的尺寸构造等。

二、主体结构施工图(亦称结构施工图)

结构施工图一般是指标高在±0.000以上的主体结构构造的图纸。由于结构构造形式不同,图纸也是千变万化的。现在这里简单的介绍一下常见民用结构与单层工业厂房结构图的内容。

1. 砖混结构施工图

砖混结构施工图一般有墙身的平面位置,楼板的平面布置,梁或过梁的平面位置,楼梯的平面位置,如有阳台、雨篷的也应标出位置。这些平面位置的布置图统称为结构平面图。图上标出有关的结构位置、轴线、距离尺寸、梁号与板号，以及有的需看剖面及详图的剖切标志。这些与建筑平面图是密切相关的，所以看图时又要互相配合起来看。

除了结构平面图外，还有结构详图，如楼梯、阳台、雨篷的详细构造尺寸、配置的钢筋数量、规格、等级；梁的断面尺寸、钢筋构造；预制的多孔板采用的标准图集等，这些都是施工的依据。

2. 钢筋混凝土框架结构施工图

该类施工图也分为结构平面施工图和结构构件的施工详图。结构平面图主要标志出框架的平面位置、柱距、跨度；梁的位置、间距、梁号；楼板的跨度、板厚，以及围护结构的尺寸、厚度和其他需在结构平面图上表示的东西。框架结构平面图有时还分划成模板图和配筋图两部分。模板图上除标志平面位置外，还标志出柱、梁的编号和断面尺寸，以及楼板的厚度和结构标高等。配筋图上主要是绘制出楼板钢筋的放置、规格、间距、尺寸等。

同样框架结构也有施工详图，主要是框架部分柱、梁的尺寸，断面配筋等构造要求；次梁、楼梯、以及其配套构件的结构构造详图。

3. 工业厂房结构施工图

一般单层工业厂房，由于厂房的建筑装饰相对比较简单，因此建筑平面图基本上已将厂房构造反映出来了。而结构平面图绘制有时就很简单，只要用轴线和其他线条，标志柱子、吊车梁、支撑、屋架、天窗等的平面位置就可以了。

结构平面图主要内容为柱网的布置、柱子位置、柱轴线和柱子的编号；吊车梁及编号支撑及编号等，它是结构施工和建筑构件吊装的依据。在结构平面图上有时还注有详图的索引标志和剖切线的位置，这些在看图时亦应加以注意。

工业厂房的结构剖面图，往往与建筑剖面图相一致的，所以可以互相套用。

工业厂房的结构详图，主要说明各构件的具体构造，及联结方法。如柱子的具体尺寸、配筋；梁的尺寸、配筋；吊车梁与柱子的联结，柱子与支撑的联结等。这些在看图时必须弄清，尤其是联结点的细小做法，象电焊焊缝长度和厚度，这些细小构造往往都直接关系到工程的质量，看图时不要大意。如发现这些构造图不齐全时应记下来，以便请设计人员补图。

第二节 看地质勘探图

地质勘探图虽不属于结构施工图的范围，但任何房屋建筑的基础都座落在一定的地基上。地基土质的好坏，对工程的影响很大，所以施工人员除了要看基础施工图外，往往还要看懂该建筑的地质勘探图。地质勘探图和资料往往是伴随基础施工图一起的，所以先看基础图或先看勘探图都可以，目的是了解地基的构造层次和土质性能，明了基础为什么要埋置在某个深度。看勘探图及资料后，使我们明确基础应处于何种土层之上；并为核对开挖至设计深度时，土质、土色、成分是否与勘探资料符合。如果发现异常应及时提出，便于及时处理，而避免发生不必要的失误。

一、什么是地质勘探图

地质勘探图是利用钻机钻取一定深度内地层土壤后，经过土工试验确定该处地面以下一定深度内土壤成分和分布状态的图纸。地质勘探前要根据该建筑物的大小、层高，以及该处地貌变化情况，确定钻孔的多少、深度和在该建筑上的平面布置。以便钻探后取得的资料能满足基础设计的需要。施工人员阅读该类图纸只是为了核对施工土方时的准确和防止异常情况的出现，达到顺利施工，保证工程质量。并且根据国家规定，土方施工完后，基础施工之前还应请设计勘察部门验证签字后才能进行基础施工。

二、地质勘探图的内容

地质勘探图正名为：工程地质勘察报告。它包括三个部分，一是建筑物平面外形轮廓和勘探点位置的平面布点图；一是场地情况描述，如场地历史和现状，地下水位变化；一是工程地质剖面图，描述钻孔钻入深度范围内土层土质类别的分布。最后是土层土质描述及地基承载力的一张表。在表内将土的类别、色味、土层厚度、湿度、密度、状态以及有无杂物的情况加以说明，并提供各层土的允许承载力。

地质勘察部门还可以对取得的土质资料提出结论和建议。作为设计人员做基础设计时的参考和依据。具体内容我们在下面介绍。

三、建筑物外形及探点图

图5-1为某工程的平面，在这个建筑外形的图上布了8个钻孔点。孔点用小圆圈表示，在孔边用数字编号。编号下一横道，横道下的数字代表孔面的标高，有的是-0.38m，有的是-0.25m（说明孔面比±0.00低38cm及25cm）。钻孔时就按照布点图进钻取土样。这里要说明的是±0.00是该房屋的相对标高，不是地面的绝对标高。

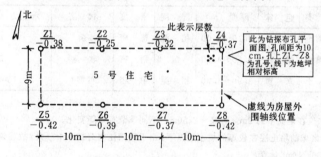

图5-1 地质钻孔平面布置图

四、看工程地质剖面图

地质勘探的剖面图是将平面上布的钻孔联成一线，以该联线作为两孔之间地质的剖切面的剖切处。由此绘出两钻孔深度范围内其土质的土层情况。例如我们将平面图5-1中1~4孔联成一线剖切后可以得到如图5-2左面部分的样子。其中I_2类土约深3~4m，在孔4的位置深约5m。I_3类土最深点又在孔4处，深度为8.4m，其大致厚度约有4m左右。即用I_3类土深度减去I_2类土深度就为该I_3类土的厚度。从图上再可看出I_3类土往下为Ⅱ类土。

从图5-2上还可以看出该处地下水位是-2.50m，以及各钻孔的深度。要说明的是图上孔与孔之间的土层采用直线分布表示，这是简化的方法，实际土层的变化是很复杂的。但作为钻探工作者不能臆造两孔之间的土层变化，所以采用直线表示作为制图的规则。

此外5-2图的右半部即5-8钻孔的剖面图其道理是一样的，读者可以自己在阅读中了解。

五、土层描述表

前面我们从土层剖面图看出了该建筑物地面下的一定深度内,有三类不同土质的土层。

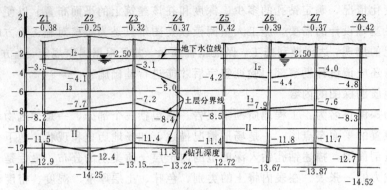

图 5-2 工程地质剖面图

由此勘察报告要制成如表 5-1 的土层描述表。表上可以看出不同土层采用不同代号，如 I_2 代号表示为杂填土土层。不同土层的土质是不同的。因此对不同的土层要把土工试验分析的情况写在表上，让设计及施工人员了解。其中的湿度、密度、状态都是告诉我们土质的含水率、孔隙度、手感，使我们有个印象，还有色和味，是给我们直觉的比较。因此施工人员看懂地质勘探图，与工程现场结合，这对掌握土方工程施工和做好房屋基础具有一定意义。

土 层 描 述 表　　　　　　表 5-1

土层代号	土 类	色 味	厚度 (m)	湿度	密度	状态	承载力（kN/m^2）	其他
I_2	杂填土		3.10～5.00	稍湿	稍密	杂	70	
I_3	素填土	褐色	3.50～4.70	湿	稍密	软塑	70	
II	粘土	灰黄	2.90～4.70	稍湿	中密	可塑+	160/180	

说明：
1. 钻探时期稳定水位在地面下约 2m，标高－2.50m，不同季节有升降变化。
2. 结论与建议：本区域的粘土层在较厚的填土层以下，由于民用住宅荷载不十分大，故建议换土处理，做板式基础、浅埋，承载力按 $100kN/m^2$ 计算。

第三节　看基础施工图

房屋的基础施工图归属于结构施工图纸之中。因为基础埋入地下，一般不需要做建筑装饰，主要是让它承担上面的全部荷重。一般说来在房屋标高±0.000 以下的构造部分均属基础工程。根据基础工程施工需要绘制的图纸，均称为基础施工图。从建筑类型把房屋分为民用和工业两类，因此其基础情况也有所不同。但从基础施工图来说大体分为基础平面图，基础剖面图（有时就是基础详图）两类图纸，下面我们介绍怎样看这些图纸。

一、一般民用砖混结构的条形基础图纸

1. 基础平面图

我们还是用那小学教学楼的基础图纸来看条形基础的平面图，见图 5-3。

在图 5-3 中（这是一张基础平面图），它和建筑平面图一样可以看到轴线位置。看到基础挖土槽边线（也是基槽的宽度）。看到其中Ⓐ和Ⓓ轴线相同，Ⓑ和Ⓒ轴线相同。尺寸在图上均有注写，基槽的宽度是以轴线两边的分尺寸相加得出。如Ⓐ轴，轴线南边是 560，北

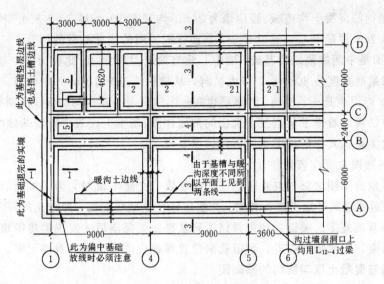

图 5-3 基础平面图

边是 440，总计挖地槽宽为 1000，轴线位置是偏中的。除主轴线外图上还有楼梯底跑的墙基该处画有 5-5 剖切断面的粗线。其他 1-1 到 4-4 均表示该道墙基础的剖切线，可以在剖面图上看到具体构造。还有在基墙上有预留洞口的表示，暖气沟的位置和转弯处用的过梁号，以上就是图 5-3 的基本内容。

2. 基础剖面图（详图）

为了表明基础的具体构造，在平面图上将不同的构造部位用剖切线标出，如 1-1、2-2 等剖面，我们绘制成图 5-4，用来表示它们的构造。

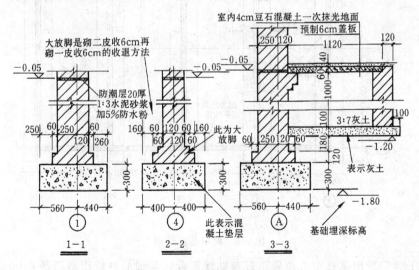

图 5-4 基础剖面图

图 5-4 中仅选了基础平面图中的 1-1 剖面、2-2 剖面和 3-3 剖面绘成详图。我们看了 3-3 剖面后，知道基础埋深为 −1.80m 有 30cm 厚混凝土垫层，基础是偏中的，基础墙中心线与轴偏离 6cm，有一步大放脚，退进 60mm，退法是砌了二皮砖后退的。退完后就是 37cm 正墙了。在有暖气沟处 ±0.000 以下 25cm 处开始出砖檐，第一出 6cm，第二出 12cm，然后

放 6cm 预制钢筋混凝土沟盖板。暖沟墙为 24cm,沟底有 10cm 厚 3∶7 灰土垫层,在 -0.07m 处砖墙上抹 2cm 厚防潮层,这就是 3-3 剖面详图说明的该处基础的构造。

2-2 剖面是中间横隔墙的基础,墙中心线与轴线④重合,因此称为正中基础。从详图上看出,它的基底宽度是 80cm,二步大放脚,从槽边线进来 16cm 开始收退,收退二次退到 24cm 正墙。埋深也是 -1.80m。防潮层也在 -0.07m 处,其他均与 3-3 断面相同。1-1 剖面用同样的方法可以看懂了从这三个选出的剖面详图,基本上代表了砖墙基础的一般形式,只要能看懂这类图,其他的详图也就可以仿照看懂了。

3. 看基础图主要应该记住什么?

看完基础施工图之后,主要应记住轴线道数、位置、编号,为了准确起见看轴线位置时,有时应对照建筑平面图进行核对。其次应记住基础底标高,即挖土的深度垫层的厚度。以上三点是基础施工的关键,如果弄错了到基础施工完毕后才发现那将很难补救。其他还有砖墙的厚度,大放脚的收退,预留孔洞位置等都应随施工进展看清记牢。

二、钢筋混凝土框架结构的基础图

1. 基础平面图

框架结构的基础有各种类型,我们这里介绍一种由地梁联结的柱下基础,基础由底板和基础梁组成。在图 5-5 中可以看到形成长方形的基础平面,在绘制时,由于图纸篇幅有限,中间省略了两条轴线的基础。

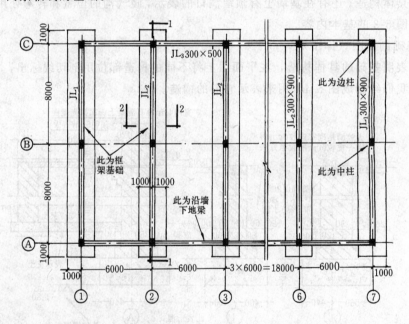

图 5-5 框架基础平面

在图上我们看出基础中心位置正好与轴线重合。基础的轴线距离都是 6.00m,基础中间的基础梁上有三个柱子,用黑色表示。地梁底部扩大的面为基础底板,即图上基础的宽度为 2.00m。从图上的编号可以看出两端轴线的基础相同,均为 JL_1;其他中间各轴线的相同,均为 JL_2。从看图中间可看出基础全长为 18.00m,地梁长度为 16.50m,基础两端还有为了上部砌墙而设置的基础墙梁,标为 JL_3,断面比 JL_1、JL_2 要小,尺寸为 300mm×500mm

(宽×高)。这种基础梁的设置，使我们从看图中了解到该方向不要再挖土方另做砖墙基础了，从图中还可以看出柱子的间距为6.00m，跨距为8.00m。

以上就是从该框架结构基础平面图可以了解到的内容。

2. 基础剖面图

该类结构的基础，除了用平面图表示外，还需要与基础剖面图相结合，才能了解基础的构造。带地基梁的基础剖面图，不但要有横剖面图，还要有一个纵向剖面图，两者相配合才能看清梁内钢筋的配置构造。

图5-6是取平面图中JL_2地基梁的纵向剖面图，从该剖面中可以看出地基梁的长向构造。

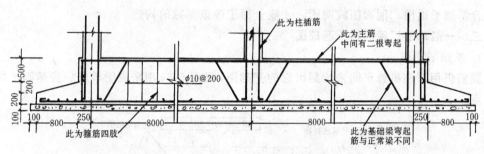

图5-6 基础纵剖面图 (1-1) 剖面

首先我们看出基础梁的两端有挑出的底板，底板端头厚度为200mm，斜坡向上高度也是200mm，基础梁的高度是200+200+500=900mm。基础梁的长度为16500mm，即跨距8000×2加上柱中到梁边的250mm，所以总长为8000×2+250×2=16500mm。

弄清楚梁的几何尺寸之后，主要是要看懂梁内钢筋的配置。我们可以看到竖向有三个柱子的插筋，长向有梁的上部主筋和下部的配筋，这里有个力学知识，地基梁受的是地基的反力，因此上部钢筋的配筋多，而且最明显的是弯起钢筋在柱边支座处斜的方向和上部结构的梁的弯起钢筋斜向相反。这是在看图时和施工绑扎时必须弄清楚的，否则就要造成错误，如果检查忽略，而浇灌了混凝土那就会成为质量事故。此外，上下钢筋用钢箍绑扎成梁。图上注明了箍筋是$\phi 10$，并且是四肢箍，什么是四肢箍，就要结合横剖面图看图了。

图5-7就是该地基梁式基础的横剖面图。从图上我们可以看出基础宽度为2.00m，基底有10cm厚的素混凝土垫层，梁边的底板边厚为20cm，斜坡高亦为20cm，梁高同纵剖面图一样也为90mm（即900mm）。从横剖面上还可以看出地基梁的宽度为30cm。看懂这些几何尺寸，对计算模板用量和算出混凝土的体积，都是有用的。

其次是从横剖面图上看梁及底板的钢筋配置。可以看出底板宽度方向为主筋，钢筋放在底下，断面上一点一点的黑点是表示长向钢筋，一般是副筋，形成板的钢筋网。板钢筋上面是梁的配筋，可以看出上部主筋有六根，下部配筋在剖切处为四根。其中所述的四肢箍就是由两只长方形的钢箍组合成的，上下钢筋由四肢钢筋联结一起，所以称四肢箍筋。由于梁高度较高，在梁的两侧一般放置钢筋加强，俗称腰筋，并用S形拉结钢筋勾住形成整体。

总之，纵剖面图和横剖面图都是以看清其结构构造为目的，在平面图上选取剖切位置而剖得的视图。本文的图5-6 图5-7，是在图5-5上1~1；2~2剖切线处产生的剖面图。因

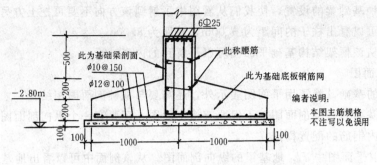

图 5-7 基础横剖面图（2-2）剖面

此结合基础平面图、剖面图的阅读，才能全面了解该基础的构造。

三、一般单层厂房的柱子基础图

1. 基础平面图

我们仍用那座机修车间来绘制出它的基础图，见图 5-8，用来说明单层厂房基础平面图的特点。

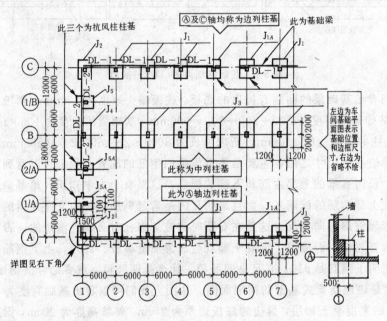

图 5-8

在图 5-8 中，我们可以看到基础轴线的布置，它应与建筑平面图的柱网布置一致。再有基础的编号，基础上地梁的布置和编号。还可看到在门口处是没有地梁的，而是在相邻基础上多出一块，这一块是作为门框柱的基础的（门框架在结构施工图中叙述）。厂房的基础平面图比较简单，一般管道等孔洞是没有的，管道大多由地梁下部通过，所以没有砖砌基础那种留孔要求。看图时主要应记住平面尺寸、轴线位置、基础编号、地梁编号等，从而查看相应的施工详图。

2. 柱子基础图

单层厂房的柱子基础，根据它的面积大小，所处位置不同，编成各种编号，编号前用汉语拼音字母 J 来代表基础。下面图 5-9 中我们是将平面图中的 J_1，J_{1A}，选出来绘成详图。

我们可以通过这两个柱基图纸学会看懂厂房柱子基础的具体构造。

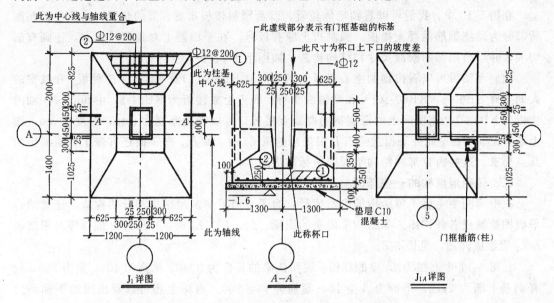

图 5-9 柱子基础图

如 J_1 柱基础的平面尺寸为长 3400，宽 2400。基础左右中心线和轴线Ⓐ偏离 40cm，上下中心线与轴线重合。基础退台尺寸左右相同均为 625，上下不同，一为 1025，一为 825。退台杯口顶部外围尺寸为 1150×1550，杯口上口为 550×950，下口为 500×900。从波浪线剖切出配筋构造可以看出为 Φ12 中～中 200mm。此外图上还有 A～A 剖切线让我们去查看其剖面图形。

我们从剖面图上看出柱基的埋深是 −1.6m，基础下部有 10cm 厚 C10 混凝土垫层，垫层面积每边比基础宽出 10cm。基础的总高度为 1000，其中底部厚 250，斜台高 350，由于中心凹下一块所以俗称杯型柱基础，它的杯口颈高 400。图上将剖切出的钢筋编成①②两号，虽然均为Ⅱ级钢 12mm 直径，但由于长度不同，所以编成两个编号。图上虚线部分表示用于 J_{1A} 柱基的，上面有 4 根 Φ12 的钢筋插铁，作为有大门门框柱的基础部分。

把剖面图和平面图结合起来看，就可以了解整个柱子基础的全貌了。其他柱子基础的构造都基本相同的，只要在施工实践中多看图慢慢就会了解各种形式的柱子基础了。

第四节 看主体结构施工图

主体结构施工图包括结构平面图和详图，它们是说明房屋结构和构件的布置情形。由于采用的结构形式不同，结构施工图的内容也是不相同的。民用建筑中一般采用砖砌的混合结构，也有用砖木混合结构，还有用钢筋混凝土框架结构，这样它们的结构图内容就不相同了。工业建筑中单层工业厂房和多层工业厂房的结构施工图也是不相同的，我们在这里不可能一一都作介绍。所以采取一般常见的民用和工业结构形式的结构施工图来作为看图的实例。

一、民用建筑砖混结构的平面图

我们仍用小学教学楼为例，取它的首层顶板（也就是二层楼面）结构平面图为例，作为我们学看结构平面图的例子。见图 5-10。

在图 5-10 中，我们可以看到墙体位置，以及预制楼板布置、梁的位置、以及楼板在厕所部分为现浇钢筋混凝土楼板。预制板上编有板号。在平面图上对细节的地方，还画有剖切线，并绘出局部的断面尺寸和结构构造。如图上 1-1、2-2 等剖面。

我们再细看可以看出预制空心楼板为 KB60-1、KB60-(1)及 KB24-1 三种板。在教室的大间上放 KB60-1、KB60-(1)和横轴线平行；间道上放楼板为 KB24-1；中间⑤～⑥轴的楼板为 KB36-1。厕所间上的现浇钢筋混凝土楼板，可以看出厚度为 8cm，跨度为 3m，图上还有配筋情况。此外平面上还有几根现浇的梁 L_1、L_2 和 L_3。图下面还有施工说明提出的几点要求。这些内容都在结构平面图中标志出来了。

二、砖砌混结构的一些详图

在平面图中主要了解结构的平面情形，为了全面了解房屋结构部分的构造，还要结合平面图绘制成各种详图。如结构平面中的圈梁、L_1、L_2、L_3 梁，1-1、2-2 剖面等。现选出 $L_1 L_2$ 梁绘成详图，见图 5-8。

在图 5-11 中上图为 L_1 梁的详图。说明该梁的长度为 3240，梁高为 400，宽为 360，配有钢筋上面为 2ϕ12，下面为 3 Φ 16，箍筋为 ϕ6@200。由图上还可以看出梁的下标高为 2.73m。有了这个详图，平面上有了具体位置，木工就可以按详图支撑模板，钢筋工就可以按图绑扎钢筋。

再如图 5-11 中下面的详图是 L_2 梁的构造。从平面和详图结合看，它是一道在走道上的联系梁，跨度为 2400，长度为 2640。梁高 400，梁宽 240，上下均为 3 Φ 16 钢筋钢箍为 ϕ6@250。图上还画出了它与两端圈梁 QL_3 的连结构造。

三、框架结构的平面图

我们这里介绍的框架结构，是指采用钢筋混凝土材料作为承重骨架的结构形式。这种结构形式在目前多层及较高层建筑中采用比较普遍。

框架结构平面图主要表明柱网距离，一般也就是轴线尺寸。框架编号，框架梁（一般是框架楼面的主梁）的尺寸，次梁的编号和尺寸，楼板的厚度和配筋等。

图 5-12 为某多层框架中某一楼层的结构平面图。

由于框架楼面结构都相同的特点，在本施工图上为节省图纸篇幅，绘制施工图时采取了将楼面结构施工图分成两半，左边半面主要绘出平面上模板支撑中框架和梁的位置图，这部分图虽然只绘了①至②轴多一点的部位，但实际上是代表了①至⑦轴的全部模板平面布置图。右半面主要绘的是楼板部分钢筋配置情形，梁的钢筋配置一般要看另外的大样图。同样它虽只绘了⑦至⑥轴多一点，实际上也代表了全楼面。

模板图部分主要表明轴线尺寸、框架梁编号、次梁编号、梁的断面尺寸、楼板厚度等内容。

钢筋配置图部分主要是表明楼板上钢筋的规格、间距以及钢筋的上下层次和伸出长度的尺寸。

下面我们介绍如何看图，除了图上有识图箭注解外，我们可以按以下顺序来看图。

(1) 这是一张对称性的结构平面图，为节省图纸，中间用折断线分开。一半表示模板尺寸的图；一半表示楼面板的钢筋配置。从图面可以看出轴线①～⑦间的柱距为 6.00m；Ⓐ～Ⓒ轴的柱距是 8.00m 跨度。从图上可以算出有七榀框架，7 根框架主梁，9 根连续梁式次

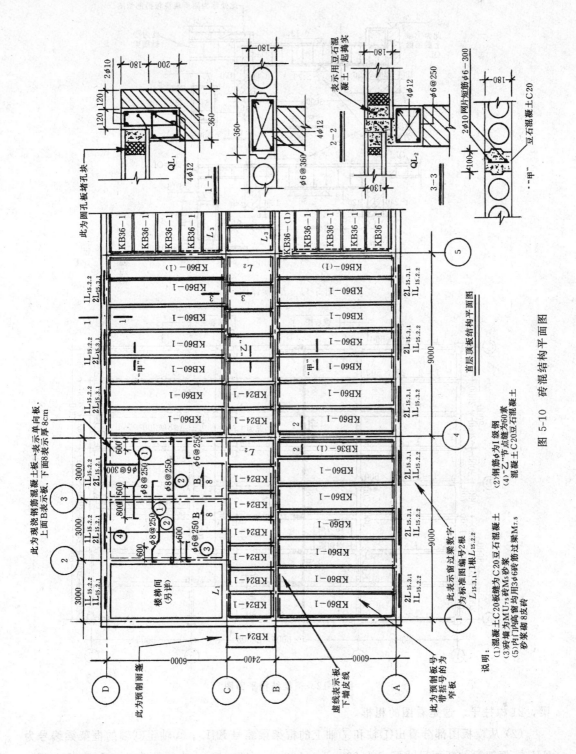

图 5-10 砖混结构平面图

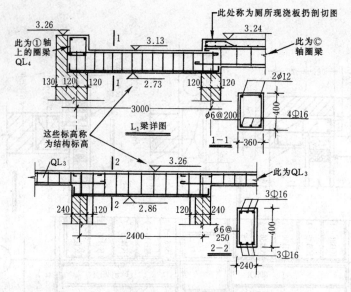

图 5-11 L_2 梁详图

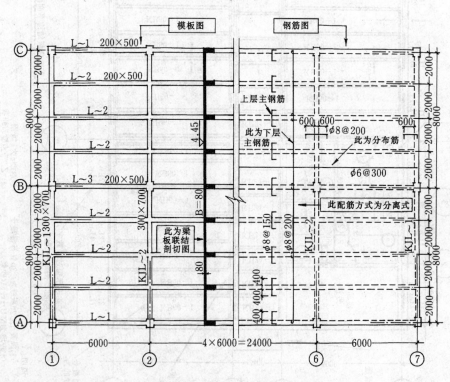

图 5-12 框架结构平面图

梁，21 棵柱子。这是看图的粗框。

(2) 从模板图部分看出①轴和⑦轴上的框架梁编号 KJL_1；②轴至⑥轴的框架梁编号为 KJL_2。框架梁的断面尺寸标出为 300mm×700mm（宽×高）。次梁分为 L_1、L_2 和 L_3 三种。断面为 300mm×500mm，总长 3630m，每段长度为 6.00m。

从图上还可以看出楼面剖切示意图，标出其结构标高为 4.45m，楼板厚度为 80mm。次梁的中心线距离为 2.00m。这样我们基本上掌握了这层模板平面图的内容了。

通过看模板图，可以算出模板与混凝土的接触面积，计算模板用量。如图上已知次梁的断面尺寸为 200mm×500mm，根据图面可以算出底面为 200mm×(6000mm－300mm)＝200mm×5700mm。如果用组合钢模板，就要用 200mm 宽的钢模三块长 1500mm，一块长 1200mm 的组成。这就是看图后应该会计算需用模板量的例子。

（3）从图纸的另外半部分我们可以看出楼板钢筋的构造。该种配筋属于上下层分开的分离式楼板配筋。图上跨在次梁上的弓形钢筋为上层支座处主筋，采用 $\phi8$ I 级钢，间距为 150mm，下层钢筋是两端弯钩的伸入梁中的直筋采用 $\phi8$，间距 200mm 的构造形式。其次与主筋相垂直的分布钢筋采用 $\phi6$，间距 300mm 的构造形式。图上钢筋的间距都用@表示，@的意思是等分尺寸的大小。@200，表示钢筋直径中心到另一根钢筋直径中心的距离为 200mm。另外图上还有横跨在框架主梁上的构造钢筋，用 $\phi8$@200 构造放置。这些上部钢筋一般都标志出挑出梁边的尺寸，计算钢筋长度只要将所注尺寸加梁宽、再加直钩即可。如次梁上的上层主筋，它的下料长度是这样计算的，即将挑在梁两边的 400mm 加上梁的宽度，再加向下弯曲 90°的直钩尺寸（该尺寸根据楼板厚度扣除保护层即得，本图一般为 60mm 长。这样，这根钢筋的断料长度即为 2×400mm＋200m＋2×60mm＝1120mm 即可了。整个楼层的楼板钢筋就要依据不同种类、间距大小、尺寸长短、数量多少总计而得。只要看懂图纸，知道构造，计算这类工作不是十分困难的。

四、框架梁柱的配筋图

这种施工图主要是说明一榀框架中柱子用什么钢筋，多少根数；梁用什么钢筋如何布放。本图由于篇幅限制，只取了一个局部的构造，用它来向读者介绍如何看懂框架柱、梁的配筋构造，只要懂其道理整个大的框架图也是一样可以看明白的。见图 5-13。

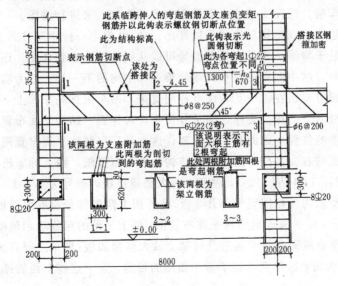

图 5-13　框架大样部分图

首先我们可以看出它仅是两根柱子和一根横梁的框架局部。其中一根柱子可以看出是边柱，另一根柱子是中间柱。梁是在楼面结构标高为 4.45m 处的梁。

从图上可以看出柱子断面为 300mm×400mm，若考虑支模板柱子的净高仅为 4450mm

减梁高 700mm＝3750mm，这是以楼面标高 4.45m 为准计算出来的。从图上还可以看到柱子内由 8 根Φ20（一边 4 根）作为纵向主钢筋，箍筋为 φ6 间距 200mm。柱子钢筋在楼面以上错开断面搭接，搭接区钢箍加密，搭接长度为 35d。只要看懂这些内容，那么对框架柱的构造也就基本掌握了。

其次，我们再看框架梁，从图上可以看出梁的跨度为 8.00m，即 Ⓐ～Ⓑ 轴间的轴线长度。梁的断面尺寸为宽 300mm，梁高 700mm 可以从 1～1 至 3～3 断面上看出。梁的配筋分为上部及下部两层钢筋，下部主筋为 6 根Φ22，其中 2 根为弯起钢筋，弯起点在不同的两个位置向上弯起。从构造上规定，当梁高小于 80cm 时，弯起角度为 45°；当梁高大于 80cm 时，弯起角度为 60°。弯起到梁上部后可伸向相临跨内，或弯入柱子之中只要具有足够锚固长度即可。梁的上部钢筋分为中间部分为架立钢筋，一般由 φ12 以上钢筋配置。两端有支座附加的负弯矩钢筋，及相临跨弯起钢筋伸入跨内的部分。构造上还规定离支座的第一下弯点的位置离支座边应有 50mm；第二下弯点离第一下弯点距离应为梁高减下面保护层厚度，本图为 700－25＝675mm，图上标为近似值 670mm。梁的中间由钢箍联结，本图箍筋为 φ8 间距 250mm。

通过对框架梁和柱的看图，我们也可以计算出梁和柱要用多少立方米混凝土，用多少各种规格的钢筋，以及需用多少面积的模板等。如果能达到这个水平，那么才算掌握了图纸内容，并能进行应用了。

五、单层工业厂房的结构平面图

单层工业厂房结构平面图主要表示各种构件的布置情形。分为厂房平面结构布置图，屋面系统结构平面布置图和天窗系统平面布置图等。

图 5-14 为机修车间的梁、柱结构平面布置图和屋面系统结构平面布置图。

我们先以柱、吊车梁、柱间支撑这半面平面布置图为例，来进行看图。

我们看到有两排边列柱（根据对称线可以算出）共 20 根，一排中间柱共 10 根，两山墙各有 3 根挡风柱。柱子均编了柱号，根据编号可以从别的图上查到详图。还看到共有四排吊车梁，梁亦编了号。这中间应注意到两端的梁号和中间的不一样，因为端头柱子中心距离和中间的不同。再可看出在 ④～⑤ 轴间有柱间支撑，吊车梁标高平面上一个，吊车梁平面下一个。共有三处六个支撑。支撑也编了号便于查对详图。结构平面布置图只用一些粗线条表示了各种构件的位置，因此易于看清楚，这也是厂房结构平面布置图的特色。

其次我们可以看图的右面部分，这是屋面结构的平面布置图，图上标志出屋架屋面梁位置，型号分别为 WJ18-1 和 WL-12-1，屋架上为大型屋面板，板号为 WB-2。图上⑪的意思是表示该开间的大型屋面板均为相同型号 WB-2 板。此外图上阴影部分没有屋面板的地方，是表示该上部是天窗部分，应另有天窗结构平面布置图。图上×形的粗线表示屋架间的支撑。看了这部分图就可以想象屋面部分的构造是屋架上放大型屋面板；屋架之间有×形的支撑；在 18m 跨中间有一排天窗；这样就达到了看平面图的目的。至于这些东西的详细构造则要看结构详图了。

六、厂房结构的施工详图

厂房的结构施工详图包括单独的构件图纸和厂房结构构造的部分详细图纸。结构件的图纸我们将在第五章中介绍看图方法。这里主要介绍厂房结构上有关连的一些细部如门框，吊车梁与柱子联结的构造等等。下面我们将介绍两个详图，一个是门框大样图，一个是吊

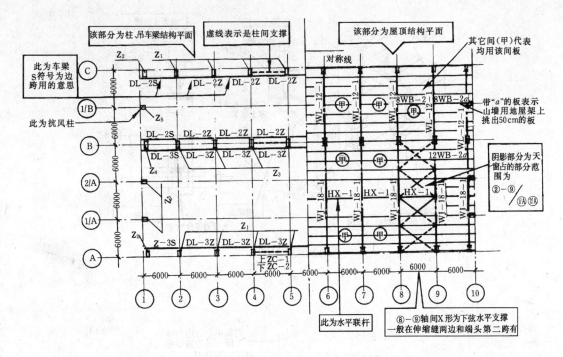

图 5-14

车梁连结构造图。

(1) 图 5-15，为吊车梁与柱子联结详图。在图上我们结合透视图可以看到正视图、上视图、侧视图几个图形。从图面上可以看出吊车梁上部与柱子连结的板有二处电焊，一处焊在吊车梁上是水平缝，一处焊在柱上是竖直缝。图中标明焊高度为10mm，连接钢板梁上一头割去 90mm 和 40mm 的三角。此外，垫在吊车梁支座下的垫铁与吊车梁和柱子预埋件焊牢。吊车梁和柱中间是用C20细石混凝土填实。看了这张图，我们就可以知道吊车梁安装时应如何施工，和准备那些材料。

(2) 图 5-16，为大门门框结构大样图。因为工业厂房门都较重、较大，在普通的砖墙上嵌固是不够牢固的，因此要做一个结实的门框作为安门的骨架。

从这张门框图中，我们看出它是由钢筋混凝土构造成的。图上标出了门框的高度及宽度的尺寸，图纸采用一半为外形部分，一半为内部配筋的方式反映这个门框的整个构造。在外形这一半我们可以看到整个门框根据对称原理共有 15 块预埋件，作为焊大门用的；在外形的另一半我们可以看到它有 1-1 及 2-2 剖面，说明其中梁的配筋为带雨篷的形式，上下共 6 根 Φ14 钢筋，雨篷挑出1m，配筋为 $\phi 6@150$，断面为 240×550，雨篷厚50。柱子的配筋为 $4\Phi 12$ 主筋和 $\phi 6@250$ 的箍筋，断面是 240×240，柱子上还有每 50cm 一道 $2\phi 6$ 的插筋，以后与砖墙连结上。柱子根部与基础插筋连结形成整体。图上用虚线表示柱基上留出的钢筋，搭接长度为 50cm。

第五节 建筑图和结构图的综合看图方法

我们讲了怎样看建筑施工图和结构施工图。但在实际施工中，我们是要经常同时看建

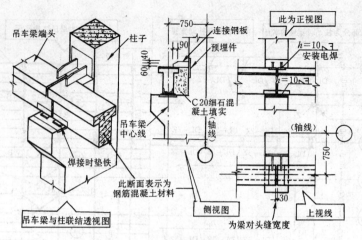

图 5-15 吊车梁端头大样图

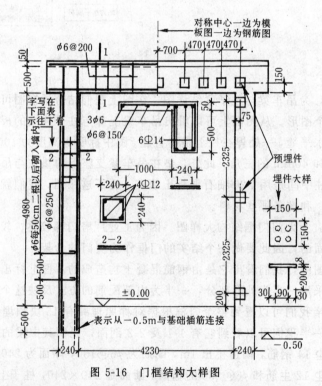

图 5-16 门框结构大样图

筑图和结构图的。只有把两者结合起来综合的看，把它们融洽在一起，一栋建筑物才能进行施工。

一、建筑图和结构图的关系

建筑图和结构图有相同的地方和不同的地方，以及相关联的地方。

（1）相同的地方，象轴线位置、编号都相同；墙体厚度应相同；过梁位置与门窗洞口位置应相符合……等等。因此凡是应相符合的地方都应相同，如果有不符合时这就叫有了矛盾有了问题，在看图时应记下来，留在会审图纸时提出，或随时与设计人员联系以便得到解决，使图纸对口才能施工。

（2）不相同的地方，象建筑标高有时与结构标高是不一样的；结构尺寸和建筑（做好装饰后的）尺寸是不相同的；承重的结构墙在结构平面图上有，非承重的隔断墙则在建筑图上才有等等。这些要从看图积累经验后，了解到那些东西应在那种图纸上看到，才能了解建筑物的全貌。

（3）相关联的地方，结构图和建筑图相关联的地方，必须同时看两种图。民用建筑中如雨篷、阳台的结构图和建筑的装饰图必须结合起来看；如圈梁的结构布置图中圈梁通过门、窗口处对门窗高度有无影响，这时也要把两种图结合起来看；还有楼梯的结构图往往与建筑图结合在一起绘制等。工业建筑中，建筑部分的图纸与结构图纸很接近，如外墙围护结构就绘在建筑图上还有如柱子与墙的联结，这就要将两种图结合起来看。随着施工经验和看图经验的积累，建筑图和结构图相关处的结合看图会慢慢熟练起来的。

二、综合看图应注意点

（1）查看建筑尺寸和结构尺寸有无矛盾之处。

（2）建筑标高和结构标高之差，是否符合应增加的装饰厚度。

（3）建筑图上的一些构造，在做结构时是否需要先做上预埋件或木砖之类。

（4）结构施工时，应考虑建筑安装时尺寸上的放大或缩小。这在图上是没有具体标志的，但在从施工经验及看了两种图后的配合，应该预先想到应放大或缩小的尺寸。

（5）砖砌结构，尤其清水砖墙，在结构施工图上的标高，应尽量能结合砖的皮数尺寸，做到在施工中把两者结合起来。

以上几点只是应引起注意的一些方面，当然还可以举出一些，总之要我们在看图时能全面考虑到施工，才能算真正领会和消化了图纸。

第六章　怎样看结构构件图

结构构件,就是组成房屋骨架的各个单体,如预制的空心楼板、单根的梁、屋架等等,都可以称为房屋的结构构件。这些构件可以用木材、钢材或钢筋混凝土材料做成。用某种材料做成的某一个构件,把它绘成图纸,我们就称为××(构件)图。

在当前房屋建筑中,大量采用的是钢筋混凝土结构,因此图纸中最常见的也是钢筋混凝土的构件图。本章根据不同的结构类型,将主要介绍如何看钢筋混凝土构件图,附带介绍一些木结构构件图和钢结构构件图。

第一节　构件图的一般概念

结构构件的图纸,为了便于重复使用,和做到统一规格和标准化,而将同一类的构件订成图集,作为房屋结构设计时采用的标准构件通用图。

一、构件图集的一般内容

构件图集一般由建筑设计院统一编制,经主管部门审批后颁发。

1. 图集的封面形式

图集的封面以明显的字体来说明图集的构件类型,如图 6-1,为《120 预应力混凝土空心板》图集的封面,我们一看就知道这是什么构件图。此外,为了便于查对和记忆,对图集还作了统一编号,如该封面上标出的苏 G9401 就是这本图集的编号。

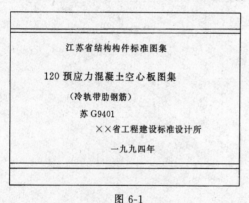

图 6-1

2. 图集的内容

图集的内容一般包括两个方面,一是设计的说明书;一是选用图表、具体图样和节点构造的图。

设计说明部分的内容大致有:

(1) 一般说明　介绍适用范围、设计依据、采用材料、设计原则、选用方法,及与之配套的其他图集名称。

(2) 构件代号　它表示是何种构件,如预应力空心板其代号编写如下:

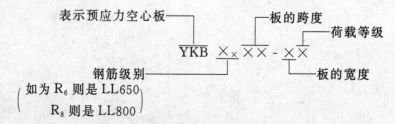

（3）制作及安装要求　如预应力放张时，混凝土应达到多少强度；堆放、运输要求；安装时座浆要求；板缝灌缝要求；抗震节点要求等。

（4）质量检验　主要是对构件制作、安装应遵守的规范、标准；结构件如何检验的方法。

（5）经济技术指标　一般采用列表说明构件的选用、允许荷载、配筋量、混凝土量、自重等。

具体图样部分的内容大致有：

（1）构件全图　表示整个外形和尺寸。有时这种图为钢筋混凝土构件图时亦称为该构件的模板图，上面还绘有预埋件的尺寸和位置，作为木工制作模板的依据。

（2）配筋图　钢筋混凝土构件，必须有配筋图。它说明构件内钢筋的构造、位置、规格、间距尺寸等，可以用纵剖面图和横剖面图绘出。

（3）节点详图　这是在全图上无法标志的细部尺寸和详细构造，这时要绘制节点详图来说明。

二、构件图的特点

（1）比例大，一般采用 1∶10～1∶50 的比例。图都较详细。有的细部比例还要大，如 1∶5～1∶10。

（2）构件边框线均用细实线描绘，内部配筋则用粗实线描绘。构件断面的钢筋以圆黑点表示，并用引出线及编号来说明钢筋种类。

（3）都有材料明细表，如钢筋混凝土构件列有钢筋表，说明钢筋形状、种类、规格。钢构件列有用料表，说明各组合零件的规格、尺寸等。

（4）附有与房屋结构相关联的构造图，如楼板与墙体的关系，屋架和支撑的关系等等。

三、怎样查看图集

由于图集编制的设计单位不同，虽然图集上的构件名称相同；但它的具体内容，构造情况、使用条件就不一定相同。如果在结构施工图中，引用了某种标准构件图集时，一定要看清图集的编号和由那个设计院编制的以及什么年份编制的，然后按编号去查找图集，做到"对号入座"。

如果由于不仔细而弄错了图集，虽然构件名称相同，但用到工程上去之后，可能会出现施工中不能互相配合；或外形配上了，但配筋不同，承受荷重不同，这就会出质量事故。所以对图集的运用，一定要查对清楚，看准编号，避免套用、乱用而造成差错。

四、非图集形式的构件图

有些构件如木屋架、钢屋架、钢柱、钢梁等，由于经常使用不多，或使用时情况不同，一般不编制标准的通用图集。这些构件常常在结构施工图中单独绘制，成为单独的一些构件图，有的一张图纸，有的要几张图纸把这些构件的全貌表示出来。

这些构件图主要内容也是两大部分，一部分是图样，一部分是说明。由于它们和结构图是相配套的，所以不必单独去查找，只要仔细看图，一般是不容易造成用错的事故的。

第二节　民用房屋结构的构件图

砖砌混合结构房屋中的钢筋混凝土构件，如结构部分的预制梁、预制柱、预应力钢筋混凝土楼板、预制阳台、雨篷等。混合结构在屋盖部分也有用木构件的，如木屋架、木檩条和屋面板等。

根据构件图的不同类型，我们选择其中一些构件图介绍看图的方法，这种方法仍然是采用书中的文字讲解和图中识图箭上标注的文字说明相结合的方法进行看图。

一、长梁构件图

（1）用途 长梁用于砖混结构的屋顶及楼层，梁上可以放置预制圆孔板、大型屋面板或加气混凝土屋面板等。

（2）内容 构件的编号如下表示：

$$\underset{\text{长梁}}{\text{表示}}\ \text{CL} \cdot \underset{\text{跨度（轴线间）}}{72} \cdot \underset{\text{荷载等级}}{1}$$

在设计说明中提出了梁的支承要求，混凝土强度等级，钢筋要求，如有预埋件，则要说明预埋件型号。施工说明是说明梁的制作要求，构件制作的允许偏差，堆放、运输、吊装等要求。

（3）看长梁构件图 我们选 CL·72·1 作为图例看图，见图 6-2。图上有横板平面图、侧面图和配筋图、断面图。

图上看出梁的长度为7400，断面为 T 形，梁高为650，底宽为200，上翼宽为400，出

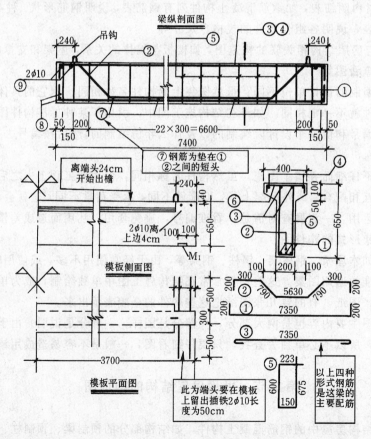

图 6-2

翼檐的部分为每头离梁端为240，这一点必须注意，否则模板配到头就要出错，做错后吊装就位就会放不下，或配合不好。再有配筋图上可看出共有①～⑨号钢筋，具体形式在图上都有表示，可以按它计算材料。

长梁的型号还有好几种，其外形都相似，只是配筋和具体尺寸不同，看图方法是一样的。

二、预应力空心板

预应力空心板分为大孔、中孔、小孔三类。其区别是圆孔直径不同，板的厚度不同，配筋及跨度不同，它的外形是相似的。

（1）用途　用为多层房屋的楼板，屋顶板。

（2）内容　板的编号形式为：

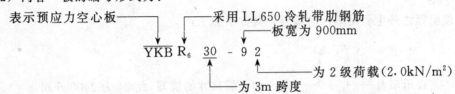

其他方面如设计和施工说明，材料要求同一般构件均相仿，重点要说明的是钢筋张拉应力为多少。应说明的是冷轧带肋钢筋用 ⌀^{R}❶ 表示，如直径为5mm的，则写成 ⌀^{R}5。

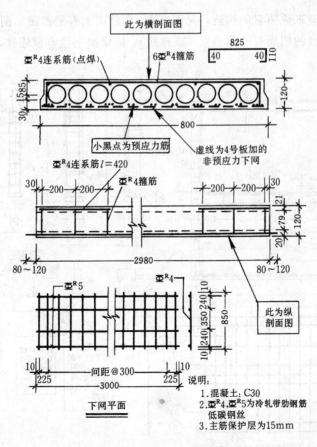

图 6-3

---

❶ ⌀^{R} 为江苏省标志符号。

(3) 看预应力空心板,我们取图 6-3 为例,可以看出板长的实际尺寸为 2980mm,外露 80～120mm 的钢筋头;板宽为 880mm,厚 120mm。其中有主筋作预应力钢筋,为 $\Phi^R 5$,还配置同钢材的构造钢筋。可以从图上看出,直径 4mm,用 $\Phi^R 4$ 表示。

看图时应注意的是,不同型号的板一是尺寸不同,二是配置钢筋不同,不能混淆。

三、阳台构件图

阳台在民用住宅中是普遍应用的构件。预制阳台的构件图仅表示阳台的结构,承受人与物的荷重;至于阳台的栏杆、栏板等则需看建筑施工图中的阳台详图。构件图是按阳台大小、挑出尺寸来区分和编写型号的。

1. 内容

除说明等之外主要是阳台的编号,其方法如下:

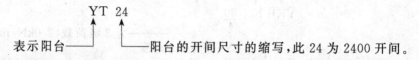

在阳台的图集上有阳台的选用表,说明不同尺寸阳台的用法和砖墙如何联结。

2. 看阳台构件图

我们选 YT24 型来说明它的构造,见图 6-4。构件图上有平面图、剖面图、配筋图等。从图上可以看出阳台的四周有一圈边梁(或称肋),边梁面上埋有预埋铁,作以后焊栏杆用

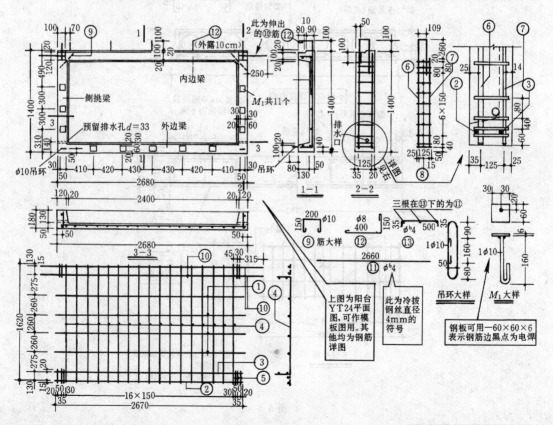

图 6-4 阳台构件图

的，这在看图和施工时都必须注意的。再有一点就是在阳台前沿的两个角处有流水孔，这也是看图时和施工中应该注意和预留的。其他的看图方法，和如何配钢筋料方法和上面所述的构件图看图一样进行。

四、木屋架构件图

木屋架是坡屋顶挂瓦屋面常用的构件。由于钢筋混凝土构件的大量发展，木材缺乏目前日趋减少，但作为一种构件，也应学会看这种图，尤其在对旧建筑维修时，这类图更是常常会碰到的。

1. 木屋架组成的名称

有上弦杆、下弦杆、腹杆（斜压杆和竖直拉杆），见图 6-5 所绘示意图上注明。下弦杆除有用木材外，也有用钢材做成的，用钢材做下弦时称为钢木组合屋架。屋架所用木料有方木或圆木两种。

2. 屋架图的内容

屋架图由屋架大样图，（一般用 1∶50 的比例绘制）和屋架节点详图（一般用 1∶5～1∶20 的比例绘制）。节点又分为脊节点、支座节点（端节点）、上弦杆中间节点、下弦杆中央节点以及屋架弦杆接头的节点等。

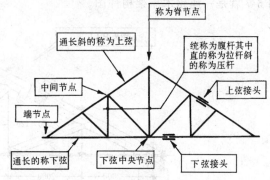

图 6-5 屋架内容

3. 看木屋架图

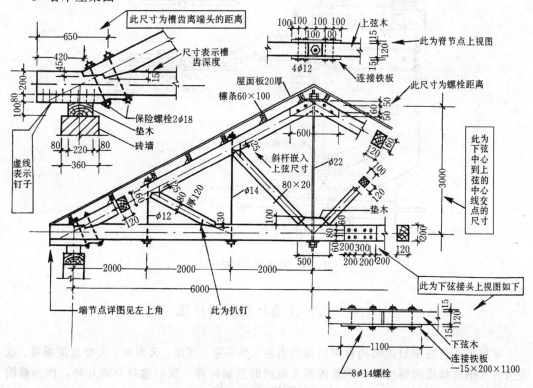

图 6-6 木屋架构造图

我们选的是六个节间 12m 跨度的木屋架，其形状如图 6-6。

在图上我们看到屋架的半面大样（另一半是对称的），屋架的尺寸、高度、杆件的断面等，还看到几个节点的具体构造。

4. 看钢木屋架图

钢木屋架主要是下弦改为钢拉杆，上部和木屋架相同。我们将如图 6-6 的木屋架改变成钢木屋架，只要改变下部的几个节点详图，改变节点后我们就可以把钢木屋架图绘制出来，图 6-7 就是一座钢木屋架构件图。

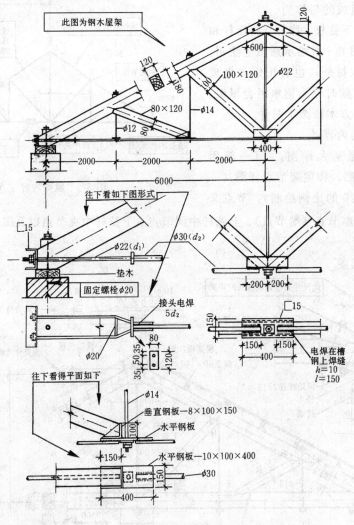

图 6-7 钢木屋架构件图

第三节 工业厂房的构件图

单层工业厂房中组成结构骨架的构件有柱、吊车梁、屋架、天窗架、大型屋面板等。这些构件有钢材做成的钢构件，钢筋混凝土做成的预制构件。我们选择介绍几种，作为看图的例子。

一、钢筋混凝土柱构件图

柱子在厂房中是承担上部的全部荷重,并通过它传给基础的构件。这个构件很重要,看图施工必须仔细。

1. 图纸内容

柱子构件图,均按结构平面图编的柱号(Z_1、Z_2……),绘制具体的构件详图。图上分为模板图和配筋图两部分,并附有结构要求的说明,见图6-8。

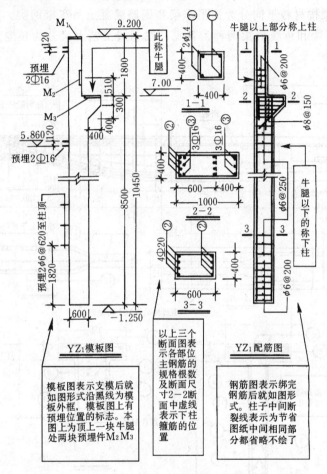

图6-8 钢筋混凝土柱构件图

2. 看钢筋混凝土柱子图

从图上我们看出预制柱子编号为YZ_1。模板图上可以看出柱全部长为10.45m,宽度为60cm,厚度为40cm等。图上还可以看出有M_1、M_2、M_3三块预埋件,两种预埋插筋一个在5.86标高处2Φ16,按尺寸算是从柱底往上量5.86-(-1.25)=7.11m;另一个为从柱底往上量1820开始插ϕ6二根间距为62cm(也就是十皮砖的间距),配筋图上可以看到有三个断面来说明配筋情形,1-1断面说明上柱配筋为4Φ14,箍筋为350×350见方ϕ6间距200;2-2断面说明牛腿处的配筋,其中分成两部分,一部分是下柱伸上来的8Φ20钢筋,还有一部分是弯成牛腿形的3Φ16钢筋,该处的钢箍为Φ8间距150;箍的大小是有变化的,应放样时细算;3-3剖面是表示下柱的配筋,主筋是8Φ20,钢箍为350×550外形,间距为200，这中间主要应考虑的是配料时钢筋原材料不够图上长度的时候，如原料一般长8m，图上Φ20的要8.5m长，这时差50cm，就要考虑搭接。因此配料时二节钢筋长度应为8.5m加规范上规定搭接长度。同时钢筋搭接的接头和部位还应符合设计和施工配种规范才能满足要求，这些都是在看图和配料时应注意之处。

二、吊车梁构件图

吊车梁是单层厂房中承担吊车行走和吊车荷重的构件。同时它也起到柱子之间的纵向连系作用。吊车梁按材料不同分为钢吊车梁和钢筋混凝土吊车梁两类。钢筋混凝土吊车梁从外形上有T形梁和鱼腹形梁两种为常见；在制造工艺上又分为预应力和非预应力两类。

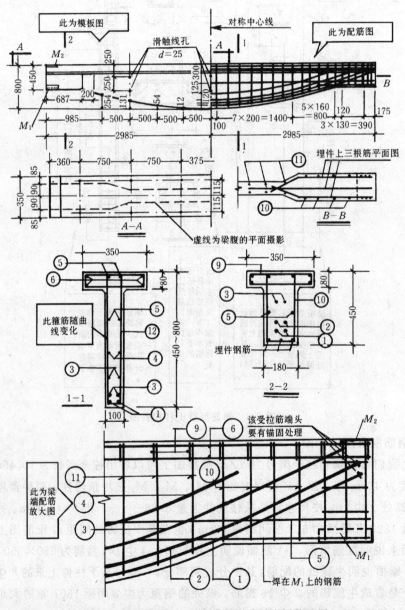

图6-9 钢筋混凝土非预应力鱼腹式吊车梁构造图

106

现在我们在这里介绍一种鱼腹式非预应力钢筋混凝土吊车梁；一种为焊成的工字形钢吊车梁的构件图作为看图例子。

1. 内容

吊车梁的代号为 DL，其构件表示方法为：

```
              Z —— 表示用在中间跨
  DL - 1      B —— 表示用在边跨；
   ↑   ↑     S —— 表示用在伸缩缝两边的跨
  代 表  ↑
  吊车梁  └——代表荷载等级
```

吊车梁图集上有不同型号的选用表，以适合用于不同的吊车荷重（吨位）。同样，图集上也有设计和施工要求的说明。

2. 看钢筋混凝土非预应力鱼腹式吊车梁图

我们选出 DL-1Z 这型号进行看图了解它的构造，见图 6-9。

我们看到构件图上有将梁一半为模板图和一半为配筋图，同时还绘有剖面图和局部放大图。

我们从图上看出它是用在 6m 柱距的吊车梁，实际长度是 5970mm。由于是鱼腹式的，梁端高度为 450mm，正中处（鱼腹最大处）高度为 800mm。梁上有预埋件 M_1 和 M_2，梁的断面端部为底宽 180mm，中间为底宽 100mm。在离开端头 687mm 处开始变化断面，由于曲线是按三次抛物线变化的，因此从中间往两端为 50cm 按曲线给一个竖向变化尺寸：12，54，131，254，便于支模板时弯曲有所依据。

钢筋图和断面图上，我们看到梁的配筋构造。有主筋①和②共四根，还有箍筋其他构造钢筋等。这中间主要的是配钢筋时下部 1/3 梁高的范围内，钢筋要弯成弧形，仔细算好长度。此外箍筋在鱼腹部分均是变化的，处处不同，这点也应注意。

3. 看钢吊车梁图

一般当柱距较大（12m 或 18m），也就是吊车梁跨度大，或吊车吨位较大时，需要采用钢吊车梁。吊车梁用钢板焊制成。现将一根 12m 的钢吊车梁图介绍如下，见图 6-10。

我们从图上看到有梁的顶面图（上视图），侧面图和断面图。顶面图上主要有安装吊车轨道用的螺栓孔的位置，侧面图主要表示梁的形式和加劲肋的构造尺寸；断面图主要说明梁上下翼的宽度，加劲肋的宽度，梁的高度等尺寸。及对焊缝厚度的

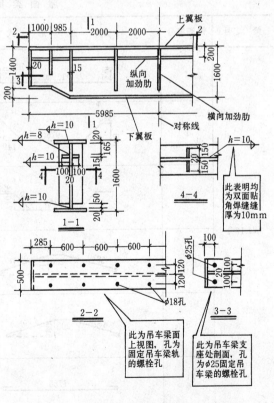

图 6-10 钢吊车梁图

要求。总的说，钢梁的构件图比钢筋混凝土梁的构件图容易看懂。

三、看钢筋混凝土屋面梁图

屋面梁俗称薄腹梁，在小跨度的厂房里主要是作为屋盖结构承担屋面板的重量，起到屋架的作用。分为单坡和双坡两种。所谓薄腹，是因为这类梁的中间部分比端部、上下翼都薄，所以称为薄腹梁。我们这里选一榀12m跨度的非预应力的钢筋混凝土屋面梁，进行看图。

1. 内容

屋面梁的代号是WL，表示形式如下：

```
            代表荷载等级
                ↓
        WL - 12 - 1A
         ↑    ↑   ↑
        代表 代表 代表
        屋面 跨度 埋件
        梁   12m  种类
```

薄腹梁分为6m、9m、12m、15m、18m等种。在图集内容中有设计说明，施工要求和具体图样，图样分为模板图、平面图、侧面图。配筋图有横剖面图及纵剖面图，附有钢筋表用来说明配筋构造。（以上所介绍的构件图集也都应有钢筋表，由于篇幅有限均省略了，这里选屋面梁钢筋表作为例子供参考，见表6-1）

屋面梁钢筋表　　　　　　　　　　　　　　　表6-1

梁号	钢筋编号	钢筋形式	直径	长度	根数	备注
WL12-1	1	⌐─ 230 ─ 11900 ─ 230 ─┐	Φ22	12360	3	
	2	320 / 9750 \ 1050 / 100, 740	Φ22	12690	2	
	3	\ 8450 / 1050 \ 220, 740	Φ22	10990	1	
	4	5870 / 200↕515 \ 5870	φ12	12090	2	
	5	4350 / 200↕580 \ 4350	φ12	9050	1	
	6	⌐─ 1750 ─┐	φ12	1900	4	

续表

梁号	钢筋编号	钢筋形式	直径	长度	根数	备注
WL12-1	7	200 515 5870	$\phi 8$	12040	2	
	8	1090~1330	$\phi 8$	$\bar{l}=1410$	23	
	9	960~1080	$\phi 10$	$\bar{l}=1220$	22	
	10	250 840~960	$\phi 8$	$\bar{l}=2100$	26	
	11	8900	$\phi 12$	9050	4	
	12	8900	$\phi 8$	9000	2	
	13	8000	$\phi 8$	8100	1	
	14	4700	$\phi 8$	4800	1	
	15	130 1670 140	$\phi 8$	3850	12	
	16	80 150 150	$\phi 6$	720	44	
	17	90 250 35 150	$\phi 6$	850	68	
	18	180	$\phi 22$	180	2	
	19	1030	$\phi 22$	2300	2	

2. 看 12m 屋面梁构件图

图 6-11，即为屋面梁的图样。我们由图看出这是一榀双坡梁，由于对称特点，只绘了半榀图样。从模板图上可以看出顶面上应有 9 块埋件，端头支座处一头一块埋件。顶面预

埋件的中心距离是1505，正好放一块大型屋面板。此外梁上有吊钩和电线孔位置。

在模板的侧面图和断面图上，我们看出配制模板是比较复杂的。如果它是立着浇注混凝土就要配两个侧邦的模板和底模板。如果是卧着浇注混凝土，那先要将一侧面的模板放

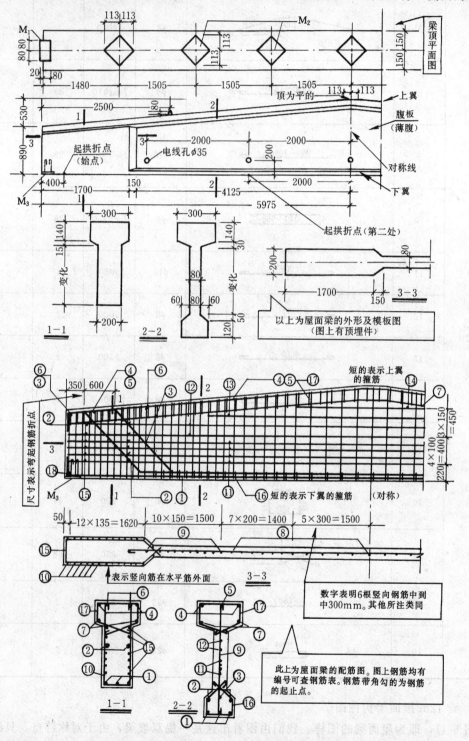

图 6-11 屋面梁构件图

在底上，随后将顶、底模板配上。根据施工方法不同，看模板图后，配置模板的形式也是不同的。

在钢筋图上，我们看到梁的主筋为 6Φ22①②③号，其他编号配筋在钢筋表上都有规格、形式、长度的注写。这中间主要是配长钢筋时，要计算不同搭接方法的搭接长度。

四、看钢筋混凝土折线形预应力屋架图

一般厂房在 18m 跨度以上时，屋盖结构中承担屋面荷重的构件都采用屋架。钢筋混凝土屋架分为预应力和非预应力两种。为了节约铁材和降低屋架高度，已经普遍采用预应力屋架，所以我们在这里介绍这类屋架的看图。

1. 内容

预应力屋架的代号为 Y-WJ，其形式如下：

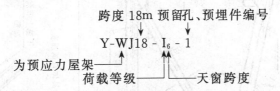

在预应力屋架图集上除了一般设计说明和施工要求外，重点是对预应力钢筋的要求，有关焊接的要求作详细说明。这些在看图时要着重了解。

2. 看预应力屋架构件图

我们选 Y-WJ18-1 屋架作为看图例子，见图 6-12。

钢筋混凝土屋架的各部位名称和木屋架一样，分为上弦、下弦、腹杆。由于上弦形状不同又分为拱形、折线形等不同形式，各部件的断面尺寸是根据受力大小决定的。

我们从模板图上看出屋架总长为 17950，屋架中部高度为 2.64m，上弦的断面尺寸为 220×220，下弦断面尺寸为 160×220，腹杆断面尺寸见剖面 3-3 及 4-4 两图。

在下弦剖面甲-甲、乙-乙中可看出每个断面下有二个圆孔，这是穿入预应力钢筋的孔道。说明施工时要在下弦内预留贯通的二个圆孔，一般施工中用钢管或胶管架在下弦杆内，待浇灌混凝土后一定时间再将钢管或胶管拉出，形成了孔道。屋架采用平卧支模，因此它的模板有底模，形状就如图那样，还要配侧模，即图上构件的边界线位置。除了模板之外还得看预埋件的安放、孔洞位置以及其他在支模时应考虑到的内容，这是看图时所应注意的。

看钢筋图时，我们应了解到它有两种钢筋，一种是图上绘出的非预应力钢筋，支模后即应进行绑扎的。另一种是预应力钢筋，这是要先准备好，等能够进行预应力张拉时才用。看图时应根据屋架长度和规范规定算出材料的规格和数量来。

现在图上所标志的钢筋都是非预应力钢筋。应根据编号对照钢筋表进行备料。此外由于屋架长度都超过钢筋原材料的长度，因此计算钢筋长度时应考虑加上搭接的长度。

五、看钢屋架构件图

在设计时，从经济合理和施工方便出发，当房屋跨度达到 24m 及 24m 以上时，或直接承受动力荷载的屋盖，采用钢屋架作为屋面承重构件比较合适。

现在选用 24m 的钢屋架，作为看图的例子。

1. 内容

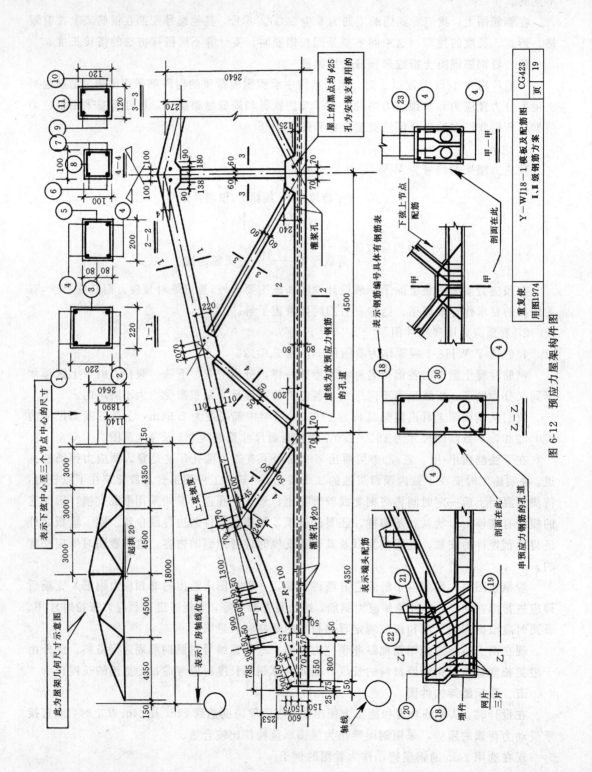

图 6-12 预应力屋架构件图

钢屋架用 GWJ 代号表示，其表示形式为：

```
                代表屋架跨度 24 米
                      ↓
              GWJ24 - 1A₁
  代表钢屋架 ──┘    ↑  ↑
                 │  └── 代表支座连结方式
         代表荷载等级
```

图集上还有设计要求和施工要求的说明，重点是对钢材、焊缝、焊条的要求，这在看图时必须了解。图上还有屋架中心线的几何尺寸和杆件内力大小示意图作为施工参考。

2. 看钢屋架构件图

我们选出 GWJ24-1 图样绘于图 6-13。我们所绘的这张图仅取屋架的端头一部分，因为钢屋架的各部分节点构造基本相似的，为了节省图幅，能看懂一部分图了解了原理也是可以达到学会看图的目的。

图面上有屋架轴线形状图和局部实样图，实样图中有上弦的上视图即在屋架上部看上弦顶面得到的形象，下弦上视图，屋架构造的详图。

从图中可以看出该屋架端头高为 1990，这 1990 是上弦中心线到下弦中心线的距离，和角上轴线尺寸图相符合。屋架的杆件中心线是以角钢的断面形心联结成的一条直线，所以它偏在一翼的一边，不是在投影图形的正中间。

在看图时，我们看到所注尺寸均以中心线为准，钢屋架放样时，中心线尺寸也就是角上的轴线尺寸相当重要一定要看准记住。

钢屋架制作时要将每根杆件从图上摘出来，写出角钢型号、长度、根数。然后再对照图线复核没有错误时才可下料。因此必须看懂图，才能计算尺寸，这是很重要的一环。否则造成错误或浪费将是很大损失。

此外图上还有电焊符号，表示焊接方法、焊缝长度、焊缝厚度等。焊缝的要求也是看图时应着重注意的，因为焊缝的质量是否符合图纸，对钢屋架的寿命有很大的影响。

六、看大型屋面板构件图

用钢筋混凝土制成的预应力大型屋面板，是目前工业厂房最普遍应用的屋面构件。其通用平面尺寸为 1.5m×6.0m，主肋的高度有 20cm、24cm 两种。

1. 内容

预应力大型屋面板的代号是 Y-WB，其表示方法为：

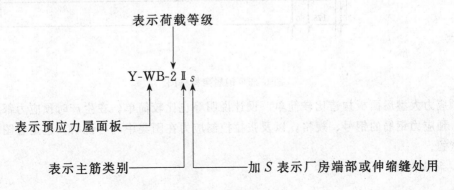

113

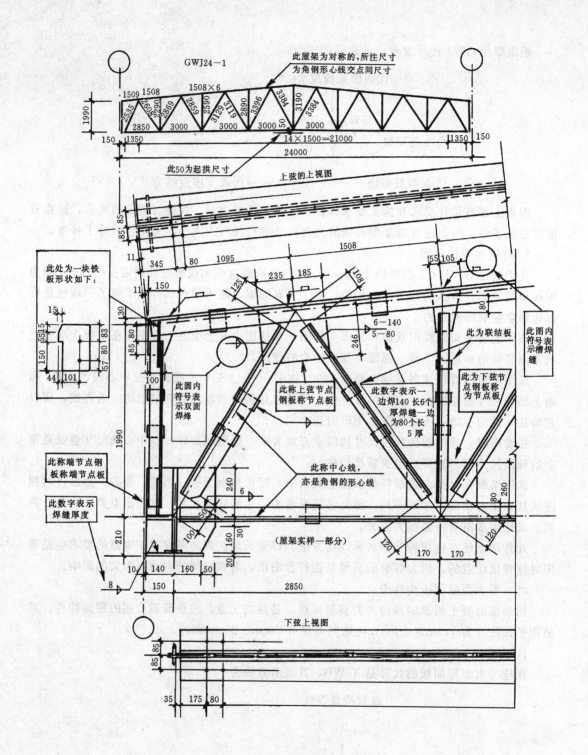

图 6-13 钢屋架构件图

预应力大型屋面板构造比较简单,设计说明等也比较简单。在生产时预应力都采用先张法,预应力钢筋的钢号、规格,以及张拉控制应力在图集中均有说明,这是看图时应重点注意的。

2. 看构件图

我们选出 Y-WB-1Ⅱ 的板作为看图之例，见图 6-14。从图上我们看到有模板图和配筋图，还有它们的剖面图和节点图。

模板图标出大型屋面板的长度尺寸为 5970mm，宽度为 1490mm，高度为 240mm。从剖面图及节点图看出板分为主肋、小肋，主肋宽度为 65～85mm，小肋的宽度为 40mm，高度为 120mm，板面层仅 25mm 厚。由于目前生产时已都采用定型钢模，所以模板图只是给我们了解屋面板的具体外形尺寸。具体模板制作尤其是两端的弧度曲面是很复杂的。

钢筋图主要分为非预应力和预应力钢筋两部分。非预应力钢筋大多采用 $\phi 4$ 冷拔低碳钢丝，预应力的粗钢筋（主筋）则采用冷拉Ⅱ级或Ⅲ、Ⅳ级钢筋。本图是 Y-WB-1Ⅱ 板所以主筋为 2 $\Phi'18$（一根主肋，一根主筋）在预应力钢筋配料时要注意预应力张拉夹具处应增加的长度，和镦头所需长度，算料时可从结构施工图和钢筋表算出进行核对。

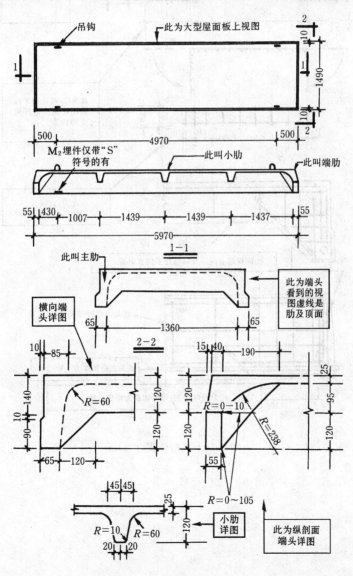

图 6-14 板构件图（一）

115

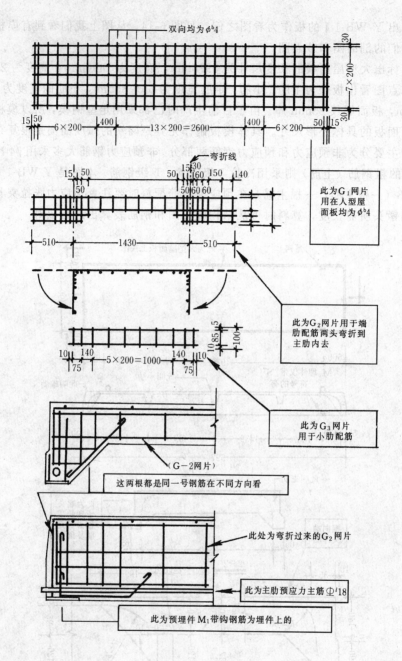

图 6-14 板构件图（二）

第七章 怎样看构筑物施工图

第一节 构筑物的概念

一、什么是构筑物

构筑物是不同于房屋类型的,它是结构型的特殊建筑物。在钢筋混凝土结构学中把这种构筑物,归在特殊钢筋混凝土结构一类。它们具有各自的独立性,可以单独成为一个结构体系,用来为工业生产或民用生活方面服务。常见的构筑物有烟囱、水塔、料仓、水池、油罐、电厂的冷却塔、高压电线的支架、挡土墙等。

构筑物的外部装饰都很简单,有的甚至不加建筑装饰,而以结构外表暴露在大气中。对于构筑物主要应达到结构坚固安全,使用上能耐久实用。

构筑物可以用砖石、钢筋混凝土、钢结构等材料建成。主要以具体对象和使用要求、经济效果来决定用那种材料。

二、不同构筑物的构造及用途

构筑物的种类是很多的,这里我们介绍常见的四种构筑物的构造,便于看图时弄懂图纸的内容和含意。

1. 烟囱

烟囱是在生产或生活设施中用来排除烟气的构筑物。它由基础、囱身、囱顶装置三部分组成的。外形可分为圆形和方形两种。材料上可以用砖、钢筋混凝土、钢板等制造。在工业生产及大型锅炉房的烟囱一般都采用砖或钢筋混凝土建造;用钢板卷成筒形的烟囱一般均用在小型加热炉等方面,不是经常遇到的。

烟囱基础:烟囱在地坪以下部分均称为基础,它由基础底板和圆筒形囱身组成。底板可以是混凝土或钢筋混凝土的,筒形囱身可以是砖砌的,或钢筋混凝土的。

囱身:烟囱在地坪以上的部分称为囱身。它分为外壁和内衬,外壁在竖向有1.5‰~3‰的坡度,是一个上口直径小,下部直径大的细长形的截头圆锥体。外壁可以用砖砌或用钢筋混凝土浇筑做成。内衬附在外壁内侧,与外壁有5cm左右的空隙,中间放隔热材料。内衬一般要求用耐火砖砌,但在烟气低于500℃时,也可以用普通MU10(即过去称为100号的砖)粘土砖砌筑。

囱顶:囱顶是囱身顶部的一些构造。因为烟囱很高,顶部要安装避雷针、信号灯等,同时还有爬到顶部铁爬梯、护栏及休息小平台等。此外在外观上顶部还要作些建筑线条装饰,因此与以下两部分有所不同,作为单一部分构造。

2. 水塔

水塔是用来提供一个区域内用水的构筑物。它要高于周围的建筑物,以达到供水有足够的水压。水塔也由基础、支架、顶部水箱三部分组成。目前绝大多数水塔采用钢筋混凝土材料建成。

基础部分：主要采用圆形厚体积的钢筋混凝土浇筑成的底板。

支架部分：有用钢筋混凝土框架或圆筒柱体做成；也有的下面用砖砌圆筒体或烟囱身做支架的。

水箱部分：存水的部分称为水箱。采用钢筋混凝土浇筑成型。一般为圆形结构，近年来也有采用倒锥形的形式。

水塔构筑上还有附属其上的爬梯、休息平台、塔顶栏杆、信号灯、避雷装置等。

3. 蓄水池

蓄水池是工业生产作为储存大量用水的构筑物。分为圆形和方形两种。可以储存几千立方米水到一万多立方米水。

水池也分为池底、池壁、池顶三部分组成。目前大型水池都用钢筋混凝土浇筑的。

4. 料仓

料仓是存放各种散粒材料或谷物的大型构筑物。如谷物、水泥、煤、矿石等等。料仓从类型上又分为浅仓（俗称漏斗）和深仓（俗称筒仓或筒库）。

料仓目前均用钢筋混凝土建成。浅仓一般在厂房内，吊放在框架梁上，作为厂房内储存短期用料的储存库。深仓则可以单独建于一个地点，独立使用。深仓由基础、支柱、仓身、机房、出料装置等部分组成。

下面我们就介绍看这四种常见的构筑物的施工图。

第二节　看砖砌烟囱的施工图

烟囱施工图根据烟囱构成材料不同，高度不同图纸的张数也不同。一般大致有以下几方面的图：

(1) 烟囱外形图。主要表示烟囱高度，断面尺寸变化，外壁坡度大小，各部位标高以及外形构造。

(2) 烟囱的基础图。主要表示基础大小、直径、底标高、底板厚度等内容。

(3) 烟囱顶部的构造图。表示顶部的一些附加件的构造与联结。

(4) 有关的细部构造详图。

在下面我们选取几张砖烟囱的构造施工图进行看图。

一、看烟囱外形图

本图是一座 36m 高的砖砌烟囱图，见图 7-1。

从图中我们可以看到顶上有爬梯顶部扶手，避雷针，标高为 36.000m。中部有标高 10.000 及 24.000 两处为变断面处，并有"甲"及"乙"两节点绘出详图，囱身外侧有表示囱身坡度 2.5% 的三角形标志。底部有烟道入口及出灰口的位置及标高，烟囱四周有散水。此外囱身上还标志出铁爬梯蹬的起始标高 2.000m，间距尺寸 30cm；还有透气孔位置和尺寸和说明等。平剖面图上还有烟囱直径、壁厚、内衬厚度、防热层等尺寸和构造。

二、看烟囱基础图

烟囱基础是指地坪以下的那部分构造。包括底板、筒身、内部构造等内容，见图 7-2。

我们从图 7-2 中可以看出底板的构造，大放脚的收退，筒身的直径、筒壁的厚度等等。

首先看底板构造，从图上看出底板底下有 10cm 混凝土垫层，基底深度为 -3.50m，底

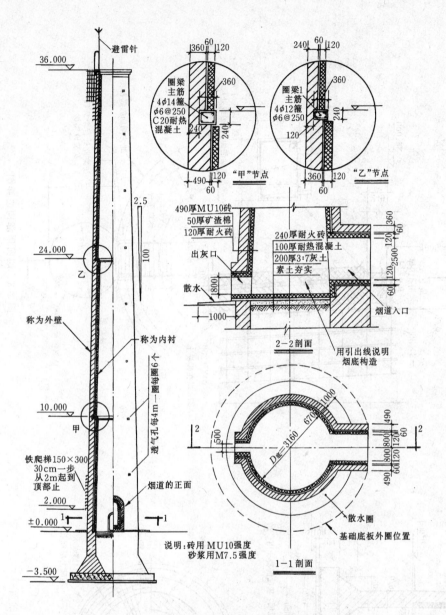

图 7-1 烟囱外形图和剖面图

部直径为6m，底板厚度为80cm。混凝土强度等级垫层为C10，底板为C20。再看底板内的钢筋，分为两层，上部为环向φ10，中到中间距为20cm，辐射方向为94根φ12；下部钢筋环向的是φ12间距15cm，辐射方向是全圆125根φ14钢筋。

通过看图，我们应该知道80cm厚的底板外侧要支撑模板；同时还应想到底板上下两层钢筋如何架空起来，这就是要有支撑在中间的钢筋，这种俗名叫撑铁的钢筋在施工图纸上是没有标志的，本图中我们用虚线示意，以便于读者了解。这种撑铁的直径由上部钢筋和施工荷重决定。

此外在基础施工图上，我们还可以看出如何收退大放脚，大放脚底部为163cm宽，收退8次到达囱壁厚度为67cm为止。再上部就分为外壁和内衬两部分施工。这在基础平面图

119

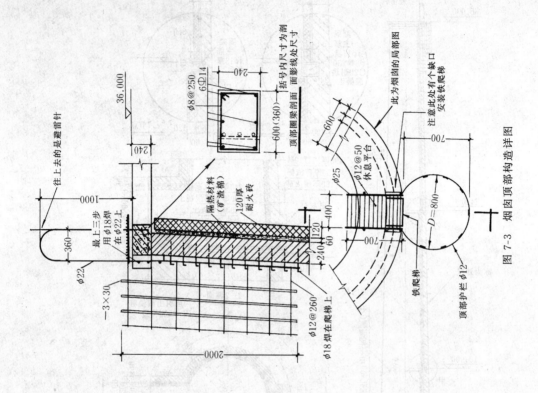

图 7-3 烟囱顶部构造详图

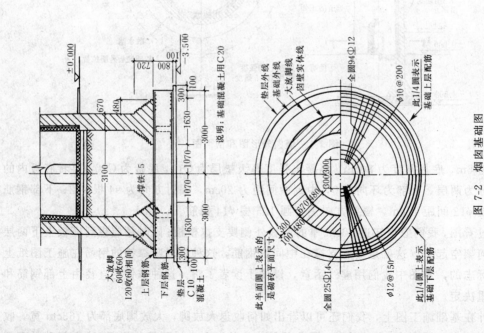

图 7-2 烟囱基础图

结合剖面图可以看出来。

三、烟囱顶部构造施工图

囱顶构造主要说明顶部附属的安装与联结见图7-3。

图上一个是烟囱上口的竖向剖面图和烟囱口的局部上视图。图上可以看到顶上有爬梯扶手、顶部护栏和小休息平台。

扶手生根在顶部圈梁内，因此在浇筑圈梁前先安置好。扶手高度为1m，宽36cm，用 $\phi 22$ 钢筋做成，一端延长下去2m与砌在烟囱内的爬梯蹬焊牢。在扶手往上可焊上避雷针装置。

图上可以看出顶部护栏为圆形长筒式铁栅栏。直径80cm，环向是 $\phi 12$ 钢筋，竖向是 $3mm\times 30mm$ 的扁铁，互相焊牢，并与砌入烟囱的爬梯蹬焊牢生根。

此外顶上还有一个长70cm，宽40cm的钢筋栅式小平台。

从图上看懂这些内容和安装顺序，就可以按图进行施工了。

第三节 看钢筋混凝土水塔施工图

一、水塔施工图的类别

水塔施工图一般分为土建的结构施工图和供给水的管道施工图。这里只介绍土建图的内容；因为给水管道施工图仅一条进水管一条出水管和相应的闸阀。

土建施工图部分大致有以下图纸：

(1) 水塔外形立面图。说明外形构造、有关附件、竖向标高等。

(2) 水塔基础构造图。说明基础尺寸和配筋构造。

(3) 水塔框架构造图。表明框架平面外形拉梁配筋等。

(4) 水箱结构构造图。表明水箱直径、高度、形状和配筋构造。

(5) 有关的局部构造的施工详图。

我们在下面介绍五张水塔主要结构构造的图纸，进行看图。实际的施工图还要多得多，不在这里多占篇幅了。

二、看水塔立面图

图7-4是一张100t水塔外形立面构造图。

我们从图上可以看出水塔构造比较简单，顶部为水箱，底标高为28.000m，中间是相同构造的框架（柱和拉梁），因此用折断线省略绘制相同部分。在相同部位的拉梁处用3.250、7.250、11.250、

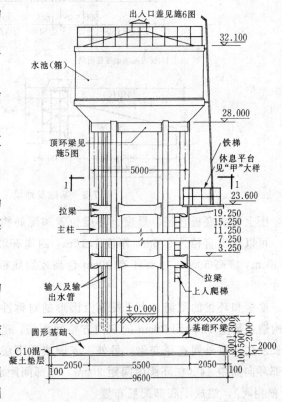

图7-4 100t水塔外形图

15.250、19.250、23.600m 标高标志,说明这些高度处构造相同。下部基础埋深为2m,基底直径为9.60m。

此外还标志出爬梯位置、休息平台,水箱顶上有检查口(出入口)、周围栏杆等。

我们为了便于看懂图纸,在图上用标志线作了各种注解,说明各部位的名称和构造。

三、看水塔基础图

图 7-5 为水塔基础的配筋构造图。

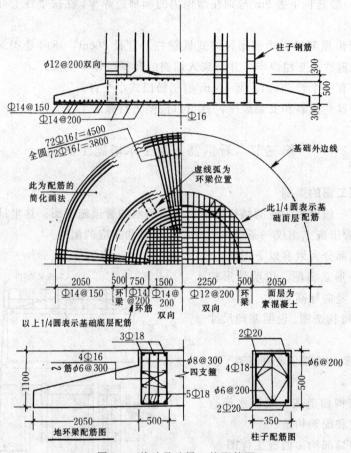

图 7-5 基础及地梁、柱配筋图

图上表明底板直径、厚度、环梁位置和配筋构造。

可以读出直径为 9.6m,厚度 1.10m,四周有坡台,坡台从环梁边外伸 2.05m,坡台下厚 30cm,坡高 50cm。上部还有 30cm 台高才到底板上平面。这些都是木工支模时应记住的尺寸。

底板和环梁的配筋,由于配筋及圆形的对称性,我们用1/4圆表示基础底板的上层配筋构造,是Φ12间距20cm 的双向方格网配筋,范围在环梁以内,钢筋伸入环梁锚固。钢筋长度随环梁外周直径变化。另外1/4圆表示下层配筋,这是由中心方格网Φ14@200 和外部环向筋Φ14(在环梁内间距20cm,外部间距15cm),辐射筋Φ16(长的72根和短的72根相间),组成了底部配筋布置。

图上还绘有环梁构造的横断面配筋图和柱子配筋断面图,根据它们的尺寸可以支模和配置钢筋施工。

四、看水塔支架构造图

图 7-6 是一张水塔支架—框架形式的结构配筋构造图。

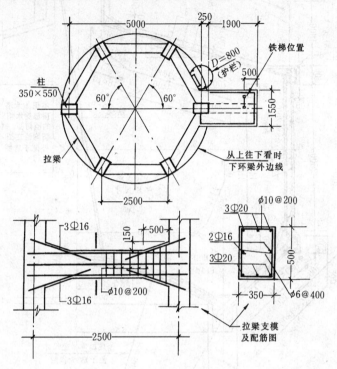

图 7-6　1-1 剖面及拉梁大样图

从图上看出图面表明的是两个内容,一是框架的平面形状,它是立面图上 1-1 剖面的投影图。这个框架是六边形的;有六根柱子,六根拉梁,柱与对称中心的联线在相邻两柱间为 60°角。平面图上还表示了中间休息平台的位置、尺寸和铁爬梯位置等;再有一部分是拉梁的配筋构造图,表明拉梁的长度、断面尺寸、所用钢筋规格。图上还可看出拉梁两端与柱联结处的断面有变化,在纵向是成一八字形,这在支模时应考虑模板的变化。

看了这张图对施工放线确定柱子位置和木工支模位置、数量都可以心中有数了。

五、看顶部水箱的构造和配筋图

在这里我们选取了水箱的竖向剖面图,用来说明水箱构造情形,学看这类图线,见图 7-7。从图中可以看到水箱内部铁梯的位置、周围栏杆的高度以及水箱外壳的厚度、配筋等结构情况。

图上看出水箱是圆形的,因为图中标志的内部净尺寸用 $R=3500$ 表示;它的顶板为斜的,底板是圆拱形的,外壁是折线形的,由于圆形的对称性,所以结构图只绘了一半水箱大小,其他部分应由看图的人自己想象出来。

图上可以看出顶板厚 10cm,底下配有 $\phi 8$ 钢筋,一是环向,一是图上特取出绘在顶板下面的两种不同长的全圆用各 59 根 $\phi 8$ 配筋。水箱立壁是内外两层钢筋,均为 $\phi 8$ 规格,图上根据它们不同形状绘在立壁内外,环向钢筋内外层均为 $\phi 8$ 间距 20cm。在立壁上下各有一个环梁加强筒身,内配 4 根 $\Phi 16$ 钢筋。底板配筋为两层双向 $\phi 8$ 间距 20cm 的配筋,对于底板

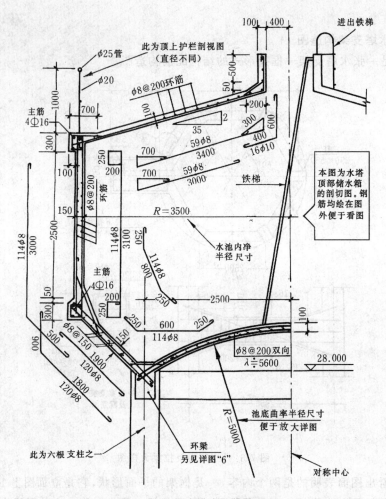

图 7-7 100t 水塔水池结构图

的曲率应根据图上给出的 $R=5000$mm 放出大样，才能算出模板尺寸配置形式和钢筋确切长度。

水塔图纸中，水箱部分是最复杂的地方，钢筋和模板不是从简单的看图中可以配料和安装，必须对图纸全部看明白后，再经过计算或放实体大样，才能准确备料进行施工。

六、看局部构造大样图

水塔图纸中详图是较多的，这里我们仅将休息平台构造图作为例子，见图 7-8。

这张平台大样图主要告诉我们平台的大小，挑梁的尺寸以及它们的配筋。

图上可以看出平台板与拉梁上标高一样平，因此联接部分拉梁外侧线图上就没有了。平台板厚 10cm，悬挑在挑梁的两侧。配筋是 $\phi8$ 间距 150；挑梁是柱子上伸出的，长 1.9m，断面由 50cm 高变到 25cm 高，上部是主筋，用 3Φ16，下部是架立钢筋，用 2ϕ12；箍筋为 $\phi6$ 间距 200，随断面变化尺寸。

总之，一份水塔图纸一般要有七、八张图，因此看图时要互相对照，结合起来看才能把水塔全貌了解掌握，进行施工。

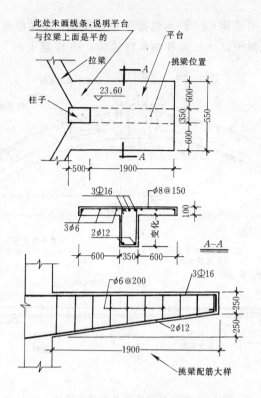

图 7-8 休息平台"甲"大样图

第四节 看钢筋混凝土蓄水池的施工图

蓄水池的施工图根据池的大小、类型不同,图纸的数量也不同,一般分为水池平面图及外形图,池底板配筋构造图,池壁配筋构造图,池顶板配筋构造图以及有关的各种详图。

我们在本节中选择一个圆形蓄水池施工图中的两张图,作为了解水池施工图的例子。

一、蓄水池竖向剖面图

蓄水池的竖向剖面图表明水池的高度,各部位尺寸,板及壁的厚度等。一般看了这张图就基本上能想象出水池的外形和规模。

我们从图 7-9 来看这张剖面图。

从图上我们看出这个水池内径是 13.00m,埋深是 5.350m,中间最大净高度是 6.60m,四周外高度是 4.85m。底板厚度为 20cm,池壁厚也是 20cm,圆形拱顶板厚 10cm。立壁上部有环梁,下部有趾形基础。顶板的拱度半径为 9.40m(图上 $R=9400$)。以上这些尺寸都是支模、放线应该了解的。

另外剖面图左侧标志了立壁、底板、顶板的配筋构造。该图上主要具体标出立壁、立壁基础、底板坡角的配筋规格和数量。顶板和底板的配筋在图 6-10 中表示。

立壁的竖向钢筋为 $\phi 10$,间距 15cm,水平环向钢筋为 $\phi 12$,间距 15cm。由于环向钢筋长度在 40m 以上,因此配料时必须考虑错开搭接,这是看图时应想到的。其他图上均有注写,读者可以自行理解。

最后图纸右下角还注明采用C25防水混凝土进行浇筑,这样使我们施工时就能知道浇筑的混凝土,不是普通混凝土,而是具有防水性能的C25混凝土。

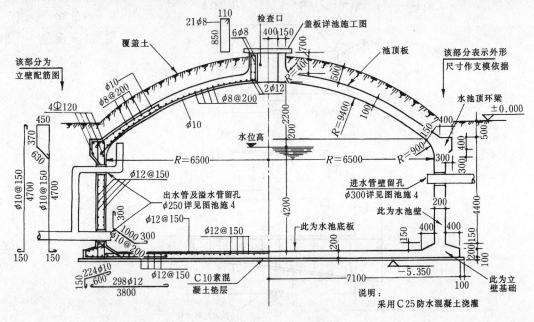

图7-9 圆形水池外形及配筋构造图

二、看水池顶板和底板配筋图

图7-10,把顶板和底板用两个半圆标志它们的配筋构造。

我们在图中可以看到左半圆是底板的配筋,分为上下两层,可以结合7-9图剖面看出。

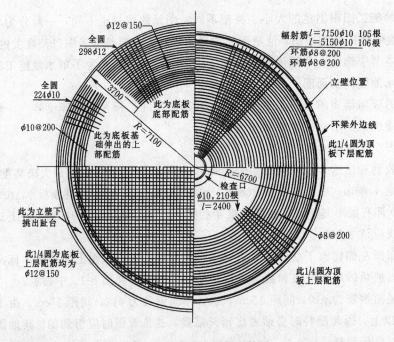

图7-10 水池底顶板配筋图

底板下层中部没有配筋，仅在立壁下基础处有钢筋，沿周长分布。基础伸出趾的上部环向配筋为φ10间距20cm从趾的外端一直放到立壁外侧边，辐射钢筋为φ10，其形状在剖面图上象个横写丁字，全圆共用辐射钢筋224根，长度是0.75m。立壁基础底层钢筋也分为环向钢筋，用的是φ12，间距15cm，放到离外圆3.7m为止。辐射钢筋为φ12，其形状在剖面图上呈一字形，全圆共用辐射钢筋298根，长度是3.80m。

底板的上层钢筋，在立壁以内均为φ12，间距15cm的方格网配筋。

在右半面半个圆是表示顶板配筋图。其看图原理是一样的，读者可以自己去看。这中间应注意的是顶板象一只倒扣的碗，因此辐射钢筋的长度，不能只从这张配筋平面图上简单的按半径计算，而应考虑到它的曲度的增长值。

第五节　看料仓结构施工图

在这一节中，我们主要介绍筒仓这类构筑物的施工图。筒仓装料部分是高大的空心圆柱体，它们可以由两个以上单筒仓组成一个筒仓构筑物群。我们这里选择了一个四筒仓构筑群的部分施工图，从而了解它们的构造和看图方法。在这里着重介绍柱子以上部分，因为基础和柱子的构造和看图与水塔的相仿，就不多占篇幅叙述了。

一、看料仓外形及平面图

图7-11，是一张料仓竖向外形剖切图和平面剖切尺寸图。

从图上可以看出仓的外形高度——顶板上标高是21.50m，环梁处标高是6.50m，基础埋深是4.50m，基础底板厚为1m。还看出筒仓的大致构造，顶上为机房，15m高的筒体是料库，下部是出料的漏斗，这些部件的荷重通过环梁传给柱子，再传到基础。

从平面图上可以看出筒仓之间的相互关系，筒仓中心到中心的尺寸是7.20m，基础直径为10.70m，占地范围是18.10m见方，柱子位置在筒仓互相垂直的中心线上，中间四根

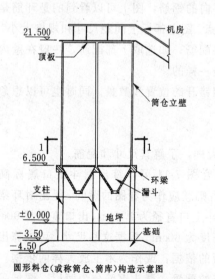
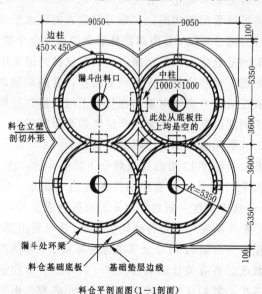

图7-11　料仓构造示意及平剖面图

大柱子断面为1m见方,八根边柱断面为45cm见方。还可以看出筒仓和环梁仅在相邻处有联结,其他均各自独立的筒体。因此看了图就应考虑放线和支模时有关的应特别注意的地方。

二、看筒仓壁部分的配筋图

图7-12是筒仓料库壁的配筋构造图。

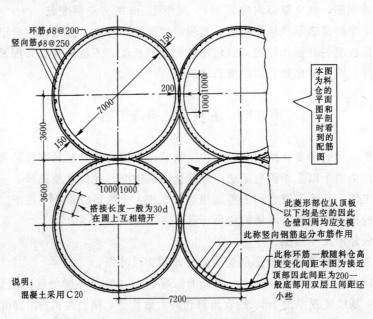

图7-12 筒仓平剖面配筋图

从图上可以看出筒仓的尺寸大小,如内径为7.0m,壁厚为15cm,两个仓相联部分的水平距离是2m,筒仓中心互相尺寸是7.20m,这些尺寸给放线和制作安装模板提供了依据。

再可以看配筋构造,它分为竖直方向和水平环向的钢筋,图上可以看到的是环筋是圆形黑线有部分搭接,竖向钢筋是被剖切成一个个圆点。图上都标上间距尺寸和规格大小。由于选取的是仓壁上部的剖面图,钢筋仅在外围单层配筋;如选取下部配筋,一般在壁内有双层配筋,钢筋比较多,也稍复杂些,看图原理是一样的。

看图后应考虑竖向钢筋在长度上的搭接,互相错开的位置和数量。同时也可以想象得出整个钢筋绑完后,就象一个巨大的圆形笼子。

三、看筒仓底部的出料漏斗构造图

我们从图7-13可以看出筒仓下部漏斗的具体大样,了解其尺寸和配筋。

首先可以从图上看出漏斗深度为3.55m,结合图7-11可以算出漏斗出口底标高为2.75m。这个高度一般翻斗汽车可以开进去装料,否则就应作为看图的疑问,提出对环梁标高,或漏斗深度尺寸是否确切的怀疑。再可看出漏斗上口直径为7.00m,出口直径是90cm,漏斗壁厚为20cm,漏斗上部吊挂在环梁上,环梁高度为60cm。根据这些尺寸,可以算出漏斗的坡度,各有关处圆周直径尺寸,作为计算模板的依据,或作为木工放大样的依据。

其次,我们从配筋构造中可以看出各部位钢筋的配置。漏斗钢筋分为两层,图纸采用竖向剖面和水平投影平面图将钢筋配置做了标志。上层仅上部半段有斜向钢筋φ10,共110根,环向钢筋φ8间距20cm。下层钢筋在整个斗壁上分布,斜向钢筋是φ10分为三种长度,每

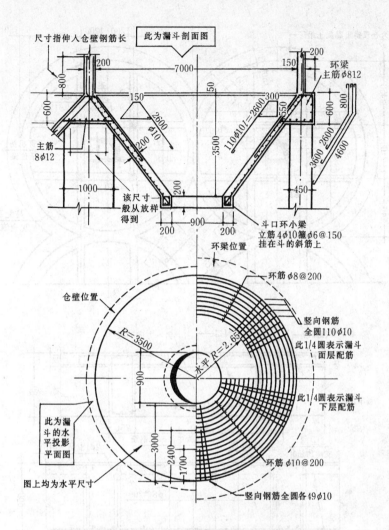

图7-13 料仓底部圆形漏斗配筋图

种全圆上共49根,环向钢筋是φ10,间距20cm。漏斗口为一个小的环梁加强斗口,环向主筋是4根φ10,小钢箍15cm见方,间距是15cm。斗上下层的斜筋钩住下面的一根主筋,使小环梁与斗壁形成一个整体。

这中间应注意的是环向钢筋的长度,随着漏斗上下直径大小的不同,有规律的变化的。这在配钢筋时需要作一些简单的计算。

四、看筒仓顶板配筋及构造图

筒仓顶板,一是起防雨作用,另一是作顶部皮带运输机房的楼地面。因此是一层现浇的钢筋混凝土楼板。图7-14就是该筒仓顶板的构造施工图。

图上看出每仓顶板由四根梁组成井字形状,支架在筒壁上。梁的上面是一块周边圆形并带30cm出沿的钢筋混凝土板。

梁的横断面尺寸是宽25cm,高60cm。梁的井字中心距离是2.40m,梁中心到仓壁内侧的尺寸是2.30m。板的厚度是8cm,钢筋是双向配置。图上用十字符号表示双向,B表示板,80表示厚度。

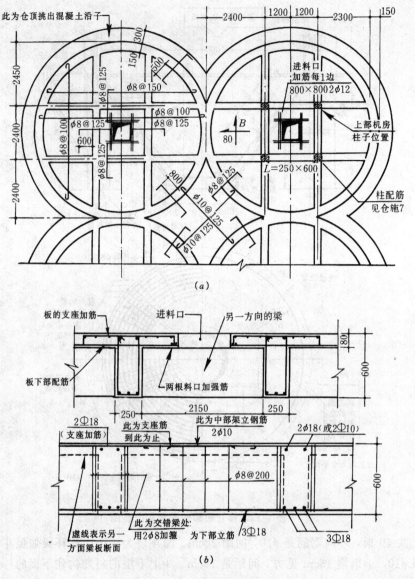

图 7-14 筒仓顶板配筋及构造图
(a) 料仓顶板配筋图；(b) 顶板井字梁配筋图

图上对梁板配筋均有注写，读者可以自己看懂的，应注意的地方是：

(1) 板中间有一进料孔 80cm 见方，施工时必须留出，洞边还有各边加 $2\phi12$ 钢筋也需放置。

(2) 板的配筋在外围几块，由于圆周的变化，钢筋长度也是变化的，配料时必须计算。

(3) 梁的配筋在两梁交叉处要加双箍，这在配料绑扎时应注意。

(4) 梁上有钢筋切断处的标志点，以便计算梁上支座钢筋的长度，但本图上未注写支座到切断点尺寸，作为看图后应向设计人员提出的地方。不过根据一般经验，它的支座钢筋的一边长度可以按该边梁的净跨的 1/3 长计算，总长度为两边梁长的和的 1/3 加梁座宽即得。

（5）图上在井字梁交点处有阴线部位注出上面有机房柱子，因此看图时就应去查机房的图，以便在筒仓顶板施工时作好准备，如插柱子插筋等。

一座筒仓构筑是比较复杂的，施工图纸可以有十多张到二十多张。这里仅仅是选出的一小部分图纸，因此在看到正式这类图时应该根据介绍的这些方法，全面的把图联系起来看，才能掌握筒仓全部施工图的看图方法。

第八章 怎样看建筑电气施工图

在房屋建筑中，电气设备的安装是不可缺少的。工业和民用建筑中的电气照明。电热设备、动力设备的线路都需绘成施工图。它分为外线工程和内线工程；还有专门电气工程如配电所工程。

电气施工图是属于整套建筑工程施工图的一个部分。在下面的各节中主要叙述如何看懂一些常见的建筑工程的电气施工图。便于土建配合施工需要。至于那些复杂的专门电气工程和设备的施工图，属于电气专业知识，这里就不作介绍了。

第一节 电气施工图的一般概念

一、房屋建筑常用的电气设施

（1）照明设备：主要指白炽灯、日光灯、高压水银灯等，用于夜间采光照明的。为这些照明附带的设施是电门（开关）、插销、电表、线路等装置。一般灯位的高度、安装方法图纸上均有说明。电门（开关）一般规定是，搬把开关离地面为140cm，拉线开关离顶棚20cm。插销中的地插销一般离地面30cm，上插销一般离地180cm。此外有的规定中提出照明设备还需有接地或接零的保护装置。

（2）电热设备：系指电炉（包括工厂大型电热炉），电烘箱，电熨斗等大小设备。大的电热设备由于用电量大，线路要单独设置，尤其应与照明线分开。

（3）动力设备：系指由电带动的机械设备，如机器上的电动机，高层建筑的电梯供水的水泵等。这些设备用电量大，并采用三相四线供电，设备外壳要有接地、接零装置。

（4）弱电设备：一般电话、广播设备均属于弱电设备。如学校、办公楼这些装置较多，它们单独设配电系统，如专用配线箱、插销座、线路等，和照明线路分开，并有明显的区别标志。

（5）防雷设施：高大建筑均设有防雷装置。如水塔、烟囱、高层建筑等在顶上部装有避雷针或避雷网，在建筑物四周地下还有接地装置埋入地下。

二、电气施工图的内容

电气图也象土建图一样，需要正确、齐全、简明地把电气安装内容表达出来。一般由以下几方面的图纸组成：

1. 目录

一般与土建施工图同用一张目录表，表上注明电气图的名称、内容、编号顺序如电$_1$、电$_2$等。

2. 电气设计说明

电气设计说明都放在电气施工图之前，说明设计要求。如说明：

(1) 电源来路，内外线路，强弱电及电气负荷等级；
(2) 建筑构造要求，结构形式；
(3) 施工注意事项及要求；
(4) 线路材料及敷设方式（明、暗线）；
(5) 各种接地方式及接地电阻；
(6) 需检验的隐蔽工程和电器材料等。

表 8-1

电器规格做法表		
图　　例	名　　称	规格及做法说明

3. 电器规格做法表

主要是说明该建筑工程的全部用料及规格做法。形式如表 8-1。

4. 电气外线总平面图

大多采用单独绘制，有的为节省图纸就在建筑总平面图上标志出电线走向，电杆位置就不单绘电气总平面图。如在旧有的建筑群中，原有电气外线均已具备，一般只在电气平面图上建筑物外界标出引入线位置，不必单独绘制外线总平面图。

5. 电气系统图

主要是标志强电系统和弱电系统连接的示意图，从而了解建筑物内的配电情况。图上标志出配电系统导线型号、截面、采用管径以及设备容量等。

6. 电气施工平面图

包括动力、照明、弱电、防雷等各类电气平面布置图。图上表明电源引入线位置，安装高度，电源方向；配电盘、接线盒位置；线路敷设方式、根数；各种设备的平面位置，电器容量、规格，安装方式和高度；开关位置等。

7. 电器大样图

凡做法有特殊要求的，又无标准件的，图纸上就绘制大样图，注出详细尺寸，以便制作。

三、电气施工图看图步骤

(1) 先看图纸目录，初步了解图纸张数和内容，找出自己要看的电气图纸。
(2) 看电气设计说明和规格表，了解设计意图及各种符号的意思。
(3) 顺序看各种图纸，了解图纸内容，并将系统图和平面图结合起来，弄清意思，在看平面图时应按房间有次序的阅读，了解线路走向，设备装置（如灯具、插销、机械等）。掌握施工图的内容后，才能进行制作及安装。

第二节　电气施工图例及符号

图例和符号是看电气平面图和系统图应先具备的知识，懂了它才能明白图上面一些图样的意思。我们根据国家统一颁发的图例和符号，选绘于下供阅图时参考。

一、图例

图例是图纸上用一些图形符号代替繁多的文字说明的方法。电气施工图中常用的图例见表 8-2～表 8-7。

二、符号

符号是图上用文字来代替繁多的说明，使人看了这些符号就懂得它的意思。常用符号见表 8-8、8-9、8-10。

电动机变压器等图例　　　　　表 8-2

图 例	名　称	图 例	名　称
○	电动机的一般符号	▲	变电所
◎	发电机的一般符号	▲（杆上）	杆上变电所
⊗⊗	变压器	▲（带轮）	移动式变电所
⊠	配电所		

配电箱（屏）控制台图例　　　　　表 8-3

图 例	名　称	图 例	名　称
■	电力或照明的配电箱（屏）	□	控制屏（台、箱）
■	移动用电设备的配电箱（屏）	◰	多种电源配电箱
■	工作照明分配电箱	⊡	表

用 电 设 备 图 例　　　　　表 8-4

图 例	名　称	图 例	名　称
▭	电阻加热炉	⊙⊙	交流电焊机
∘−∘	直流电焊机	⊠	X 光机

起动控制及信号设备图例　　　　　表 8-5

图 例	名　称	图 例	名　称
□	起动箱	─╂─	熔断器
⊓	变阻器	╱	自动空气断路器
▭	电阻箱		

续表

图 例	名 称	图 例	名 称
	高压起动箱		跌开式熔断器
	双线引线穿线盒		
	三向引线穿线盒		刀开关
	分线盒		刀开关（三级）
	按钮		高压熔断器

灯具、开关、插销等图例　　　　　　表 8-6

图 例	名 称	图 例	名 称
	各种灯具的一般符号		轴流风扇
	防水防尘灯	 (1) (2) (3)	单相插座（1）一般（2）保护式（3）暗装
	壁 灯		单相插座带接地插孔（1）一般（2）保护或封闭（3）暗装
	乳白玻璃球形灯		三相插座带接地插孔（1）一般（2）保护或封闭（3）暗装
	顶棚灯座		单极开关（1）明装（2）暗装（3）保护或封闭
	墙上座灯		双级开关（1）明装（2）暗装（3）保护或封闭
	顶棚吸顶灯		拉线开关（1）一般（2）防水
	荧光灯		双控开关（1）明装（2）暗装
	吊式风扇		

135

电气线路图例　　　　　　　表 8-7

图　例	名　称	图　例	名　称
———————	配电线路的一般符号	 ————▶———	电源引入标志
——○———○——	电杆架空线路	 ——×———×——	避雷线（网）
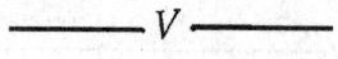 ———V———	架空线表示电压等级的	 ——⏚——	接地标志
 ～～～～	移动式软导线（或电缆）	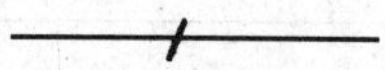 ———/———	单根导线的标志
———————	母线和干线的一般符号	———————	2 根导线的标志
— · — · —	滑触线	 ——///———	3 根导线的标志
 —/—·—/—·—/—	接地或接零线路	 ——////———	4 根导线的标志
 —✚—	导线相交连接	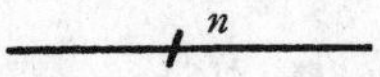 ———/ⁿ———	n 根导线的标志
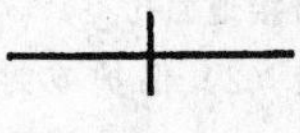 —✛—	导线相交但不连接	 ——○——— $a\ b/c$	一般电杆的标志 a—编号 b—杆型 c—杆高
 ↗(1) ↘(2)	(1)导线引上去 (2)导线引下去	 ——○——— $a\ b/c\ Ad$	带照明的电杆 a、b、c 同上 A—连接相序 d—容量
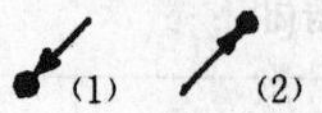 ↙(1) ↖(2)	(1)导线由上引来 (2)导线由下引来	○———┤	带拉线的电杆
 ↕	导线引上并引下	 ➤-◀▥▥▥—	阀型避雷器
 ↕(1) ↕(2)	(1)导线由上引来并引下 (2)由下引来并引上	●	避雷针（平面投影标志）

文 字 符 号 表 表 8-8

名　　称	符　号	说　　　　明
电　源	$m\sim fu$	交流电，m 为相数，f 为频率，u 为电压
相　序	A B C N	A相（第一相）涂黄色油漆 B相（第二相）涂绿色油漆 C相（第三相）涂红色油漆 中性线　涂黑色或白色
用电设备标注法	$\dfrac{a}{b}$ 或 $\dfrac{a\|c}{b\|d}$	a. 设计编号，b. 容量，c. 电流（安培），d. 标高（m）
电力或照明配电设备	$a\dfrac{b}{c}$	a. 编号，b. 型号，c. 容量（千瓦）
开关及熔断器	$a\dfrac{b}{c/d}$ 或 $a-b-c/I$	a. 编号，b. 型号，c. 电流，d. 线规格，I. 熔断电流
变 压 器	$a/b-c$	a. 一次电压，b. 二次电压，c. 额定电压
配 电 线 路	$a\,(b\times c)\,d-e$	a. 导线型号，b. 导线根数，c. 导线截面，d. 敷设方式及穿管管径，e. 敷设部位
照明灯具标注法	$a-b\dfrac{c\times d}{e}f$	a. 灯具数量，b. 型号，c. 每盏灯的灯泡数或灯管数，d. 灯泡容量（瓦），e. 安装高度，f. 安装方式
需标注引入线的规格时标注法	$a\dfrac{b-c}{d\,(e\times f)-g}$	a. 设备编号，b. 型号，c. 容量，d. 导线牌号，e. 导线根数，f. 导线截面，g. 敷设方式
线路敷设方式	M A S CP CJ QD CB G DG VG	明　　敷 暗　　敷 用钢索敷设 用瓷瓶或瓷柱敷设 用瓷夹或瓷卡敷设 用卡钉敷设 用木槽板或金属槽板敷设 穿焊接钢管敷设 穿电线管敷设 穿硬塑料管敷设
线路敷设部位	L Z Q P D	沿梁下或屋架下敷设的意思 沿　　柱 沿　　墙 沿 天 棚 沿 地 板
常用照明灯具	J T W P S	水晶底罩灯 圆筒型罩灯 碗型罩灯 乳白玻璃平盘罩灯 搪瓷伞型罩灯

续表

名　称	符　号	说　明
灯具安装方式	X X_1 X_2 X_3 L G B D R	自在器吊线灯 固定吊线灯 防水吊线灯 人字吊线灯 链吊灯 吊杆灯 壁灯 吸顶灯 嵌入灯
计算负荷的标注	P_a K_x P_{js} $\cos\varphi$ I_{js}	电气设备安装总容量 需要系数 计算容量 功率因数 计算电流
线路图上一般常用编号	①②③ ⊖⊜⊜ Ⅰ Ⅱ Ⅲ (铃) (广)	照明编号 动力编号 电热编号 电铃 广播

其他符号的含意　　　　　　　　　　　　　　　　　　表8-9

文字符号	说明的意义	文字符号	说明的意义
HK	代表开启式负荷开关（瓷底，胶盖闸刀）	QX_1QJ_3	代表系列起动器
HH	代表铁壳开关，亦称系列负荷开关	RCLA	代表瓷插式熔断器
DZ	代表自动开关	RM	代表系列无填料密闭管式塑料管熔断器
JR	代表系列热继电器		

常用绝缘电线的型号、名称表　　　　　　　　　　　表8-10

型　号		名　称
铜　芯	铝　芯	
BX	BLX	棉纱编织橡皮绝缘电线
BXF	BLXF	氯丁橡皮绝缘电线
BV	BLV	聚氯乙烯绝缘电线
	BLVV	聚氯乙烯绝缘加护套电线
BXR		棉纱编织橡皮绝缘软线
BXS		棉纱编织橡皮绝缘双绞软线
RX		棉纱总编织橡皮绝缘软线
RV		聚氯乙烯绝缘软线
RVB		聚氯乙烯绝缘平型软线
RVS		聚氯乙烯绝缘绞型软线（花线）
BVR		聚氯乙烯绝缘软线
YZ　YZW		中型橡胶套电缆
YC　YCW		重型橡胶套电缆

第三节　看电气外线图和系统图

一、电气外线总平面图

电气外线总平面图，主要是指一个新建筑群的外线平面布置图。图上标注线杆位置、电线走向、长度、规格、电压、标高等内容。见图 8-1。

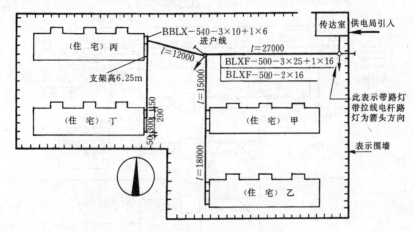

图 8-1　××住宅电外线图

二、电气外线平面图的看法

从图 8-1 中我们看出这是一个新建住宅区的外线线路图。这图上有四栋住宅，一栋小传达室，四周有围墙。当地供电局供给的电源由东面进入传达室，在传达室内有总电闸控制，再把电输送到各栋住宅。院内有两根电杆，分两路线送到甲、乙、丙、丁四栋房屋。房屋的墙上有架线支架通过墙穿管送入楼内。

图上标出了电线长度，如 $l=27000$、15000 等，在房屋山墙还标出支架高度 6.25m，其中 BLXF-500-3×25+1×16 的意思是氯丁橡皮绝缘架空线，承受电压在 500V 以内，3 根截面为 25mm^2 电线加 1 根截面为 16mm^2 的电线。另外还有两根 16mm^2 的辅线 BBLX 是代表棉纱编织橡皮绝缘电线的进户线，其后数字的意思与上述的相同。

其他在图上用箭头说明此处不详述。

三、电气系统图

电气系统图是说明电气照明或动力线路的分布情形的示意图。图上标有建筑物的分层高度、线的规格、类别，电气负荷（容量）的情形，如控制开关、熔断器、电表等装置。

系统图不具体说明有什么电气设备或照明灯具，这张图对电气施工图来说，相当于一篇文章的提纲要领，看了这张图就能了解这座建筑物内配电系统的情形，便于施工时可以统筹安排。图 8-2 就是一张住宅楼的电气系统图。

四、看电气系统图

图 8-2 是一张表明五层，三个单元住宅的电气系统图。图上还说明一单元是两户建制。为了节省篇幅，我们仅绘制了第一单元的一、二、三层的系统图，其他部分均形式相同，只要了解这一部分，全图也就容易看懂了。

从图上看出，进户线为三相四线，电压为 380/220V（相压 380V，线压 220V），通过

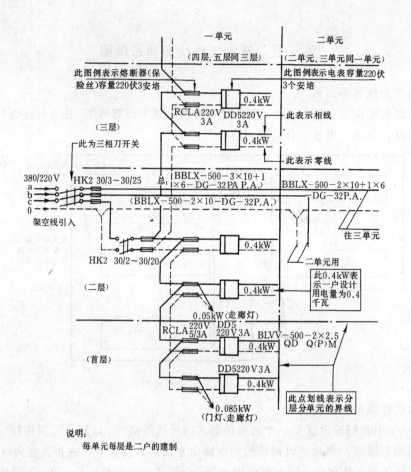

图 8-2

全楼的总电闸,通过三个熔断器,分为三路,一路进入一单元和零线结合成220V的一路线,一路进入二单元,一路进入三单元。每一路相线和零线又分别通过每单元的分电闸,在竖向分成五层供电。每层线路又分为两户,每户通过熔断器及电表进入室内。

具体的线路,室内灯具等均要通过电气施工平面图来表明了。

图上文字符号从前面符号中可以了解。如首层中 BLVV-500-2×2.5QD,Q(P)M 意是:聚氯乙烯绝缘电线 500V 以内 2 根 2.5mm² 用卡钉敷设、沿墙、顶明敷。其他类同。

第四节 看电气施工平面图

电气施工图在建筑物内一般采用平面图表示,没有剖面或很少有竖向图。因为竖向线路都由总电闸在垂直方向最短的距离输送到上一层该位置再设配电盘再送到该层室内,所以看了平面图就了解了施工的做法。

一、看住宅照明线路平面图

住宅照明目前有采用暗敷和明敷两种。暗敷在平面图上的线路无一定规律,总以最短的距离达到灯具,计算线的长度往往要依靠比例尺去量取长度。明敷线路一般沿墙走,平直见方比较规矩,其长度一般可参照建筑平面尺寸算得。

这里我们介绍的是住宅室内照明施工平面图,采用的是明线敷设,见图8-3。

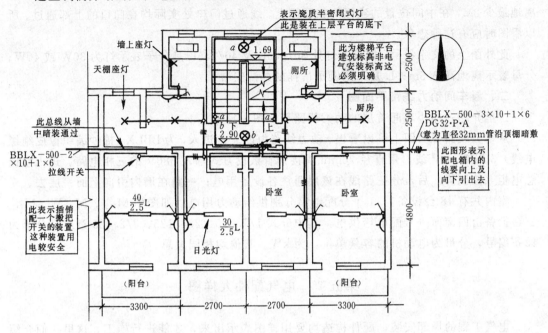

图8-3 ××住宅二层单元电气平面图 1:100

我们从图上看出,进线位置在纵向墙南往北第二道轴线处。在楼梯间有一个配电箱,室内有日光灯、顶棚座灯、墙壁座灯,楼梯间有吸顶灯,插销、拉线开关连系这些灯具。

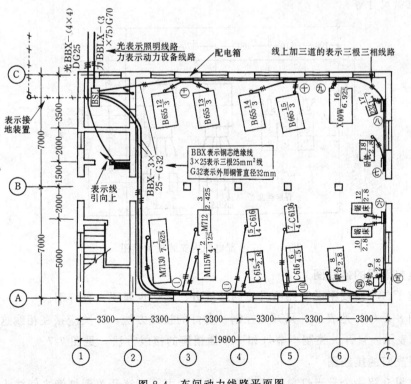

图8-4 车间动力线路平面图

141

在看图时应注意的是这些线路平面实际是在房间内的顶上部分，沿墙的按安装要求应离地最少2m，在中间位置的实际均在顶棚上。线通过门口处实际均在门口的上部通过。所以看图时应有这种想象。

此外图上的文字符号，如日光灯处 30/2.5L 及 40/2.5L 是分子表示灯为30W或40W；分母表示离地高 2.5m；L是采用链子吊挂的办法安装。

二、看车间动力线路平面图

这里介绍一座小车间首层的动力线路平面图，见图8-4。

从动力线路平面图上可以看出，动力线路由西北角进入，为BBLX（棉纱编织橡皮绝缘电线）3根 $75mm^2$ 线，用直径 70mm 焊接钢管敷设方式输入380V的三相电路。进入室内总电柜（控制屏）后，分三路线在该层通往各设备用电；一路在墙内引向上面一层去。

室内共有18台设备，11个分配电箱分别供给动力用电。如图中 M_{7130}、$M_{115}W$、M_{7112} 三台设备由西南面一号配电箱供电，其中分式 1/7.625、2/4.125、3/2.425 意思是分子为设备编号，分母为电动机的容量单位，为kW。其他均相同意思。

第五节 电气配件大样图

电气工程的局部安装，配件构造均要用详图表示出来，才能进行施工。这里我们介绍一些配件大样图和安装线路图等详图供看图参考。

一、配电箱大样图

图8-5是一个照明系统的配电箱内配电盘的构造详图。它标志出电闸（开关）的位置线的穿法，电盘尺寸等。

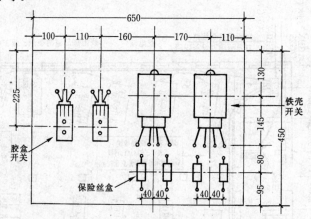

图8-5　1号配电箱内安装板大样图

二、电灯照明的接线图

我们选了二个接线图说明照明具体的接线方法，这也属于一种详图。

其中图8-6（a）是表示一只开关控制一盏灯的接线方法，开关应接在相线这一头。图8-6（b）是表示一只开关控制一盏灯和一个插销座的接线方法，见图7-7。

三、日光灯的接线图

我们这里介绍一个日光灯单灯线路图。从图上可以了解开关到灯管之间线头如何接法

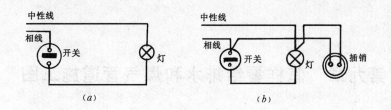

图 8-6 电灯照明线路图
(a) 单开关单灯；(b) 单开关一灯一插销

的图样，从而可以安装时不致弄错。见图 8-7。

四、线路过墙穿管的大样图

图 8-8 表示室内照明明线过墙时敷设方法的详图，施工时应按图要求进行安装。

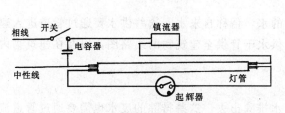

图 8-7 日光灯接线图

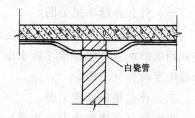

图 8-8 绝缘线穿过墙作法图

五、外线横担大样

图 8-9 为表示室外电杆上横担的制作大样图。图上表明横担用材料（角铁，U 形卡环）、尺寸，施工时照此制作后就可安装。

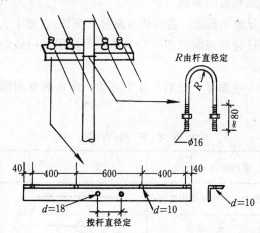

图 8-9 外线电杆横担大样图

电气施工详图内容广泛，不能一一介绍，选择一、二使我们了解它的内容，学会看图。具体的这些施工详图可查阅水电出版社出版的电气《施工安装图册》进行学习。

第九章 怎样看给排水和煤气管道施工图

由于给水管线和煤气管线相仿，因此把煤气线路图亦归入本章一起介绍，有些地区煤气管道不归建筑工程施工，这里只介绍一些概念。

第一节 什么是给排水施工图

一、什么是给水施工图

给水就是供水，供给生活或生产用的水，俗称自来水。这些供水要通过管道进入建筑物，因此给水施工图是描述将水由当地供水干管供至建筑物的线路图，以及在建筑物内部管线的走向和分布图。

二、什么是排水施工图

排水就是将建筑物内生活或生产废水排除出去。这些排除的废水也需要通过管道流向指定地点，如流入化粪池或当地的污水干管道。因此表明这些排水管道在建筑物内的走向、布置和建筑物外的走向、布置的施工图就叫排水施工图。

建筑物屋面雨水的排水，有的与污水管结合一起排除，有的自然排除，因此没有单独的施工图。

三、给排水的图纸类别和常用图例

给、排水施工图一般分为平面图、透视图（亦称系统图）、施工大样图。前两种图纸均由设计单位根据建筑需要设计绘成施工图。后者施工大样图，一般则根据国家统一编制的标准图册作为施工时应用。

为了看懂施工图上的一些图样，我们在这里将给、排水的常用图例绘制如下，便于看图时参考，见表 9-1。

给 排 水 常 用 图 例　　　　表 9-1

图　例	图例的含义	图　例	图例的含义
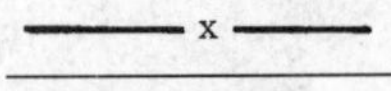 ——s—— ——x——	用汉语拼音字头表示管子类别	—‖—	管子用法兰连接
——▶——	表示管子水的流向	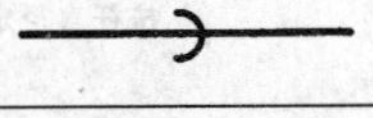 —⟩—	管子用承插连接
 ——→——	表示管子坡向	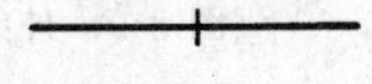 —∣—	管子用螺纹连接
—✻—————✻—	管道固定支架	 —‖—	管子的活接头表示法
═══════	管道滑动支架	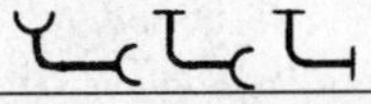 ⌐ ⌐ ⌐ ⌐	管子的弯头亦称弯管
 —✻—✻—✻—	多孔管	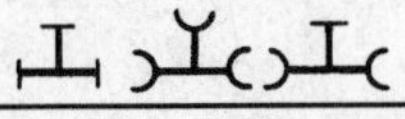 ⊥ ⊥ ⊥ ⊥	正三通（接头）

续表

图 例	图例的含义	图 例	图例的含义
	斜三通（接头）		放水龙头
	闸 阀		室外消火栓
	截止阀		表示单出口的室内消火栓
	减压阀		流量计（俗称水表）

第二节 给排水管道布置的总平面图

给排水总平面图亦称给排水外线图，是指在建筑物（一群或单个）以外的给排水线路的平面布置图。图上要标志出给水管的水源（干管），进建筑物管子的起始点，闸门井、水表井、消火栓井以及管径、标高等内容；同样要标出排水管的出口、流向、检查井（窨井）、坡度、埋深标高以及流入的指定去向（如流入城干管或化粪池）。

下面我们介绍某建筑群中两栋楼的给排水总平面图，见图 9-1。

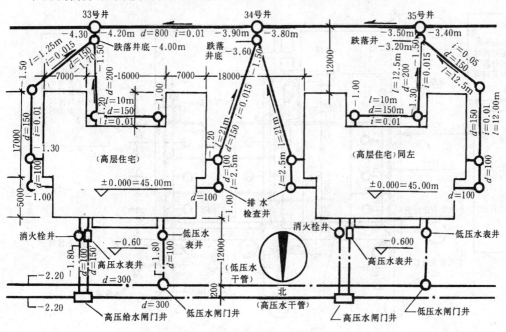

图 9-1 给排水总平面图
（注：点划线表示给水管；实线表示排水管。）

我们从图上看到给水系统是，水由当地供水干管道引入，接出时有一接口的闸门井，接出管径为 φ100（俗称 4 英寸管），接到两栋住宅外面，分别通过水表井进入各栋住宅，管子上标的标高为 -1.80m。看图时应懂得给水管的标高均指管子中心的标高，如果要开挖管沟，沟的深度就要在标高数上再加一个管子半径的数值。如管子为 $\phi 100$，标高 $-1.80\mathrm{m}$，沟深就应为 $1800+\frac{100}{2}=1850\mathrm{mm}$ 即 $1.85\mathrm{m}$，实际开挖深度要加管底垫层厚度，可在 $-1.90\sim 2.00\mathrm{m}$ 之间为宜。

此外，从排水总图上看出管道要比给水多些，构造稍复杂些，每栋房屋有六个起始窨井，由这些浅井流出汇入深井，再流入城市污水总干管。图上标志出了管子的首尾埋深标高、管子流向和坡度。排水管的标高，一般指管底标高，因此挖管沟时，只要按图标高加管底垫层厚度进行施工即可。但在窨井处要再加深 15～20cm，以便管子伸入井内。

第三节　看给排水平面图和透视图

在一栋建筑物内，给水和排水系统均通过平面图和透视图来表明。看图时把平面图和透视图结合起来，就可以了解这栋住宅的给排水管道的施工了。

一、看给排水平面图

给水平面图（图 9-2）主要表示供水管线在室内的平面走向、管子规格，标出何处需要用水的装置，如水池处、卫生设备处均有阀门。平面图上一般用点划线表示上水管线，用圆圈表示水管竖向位置。

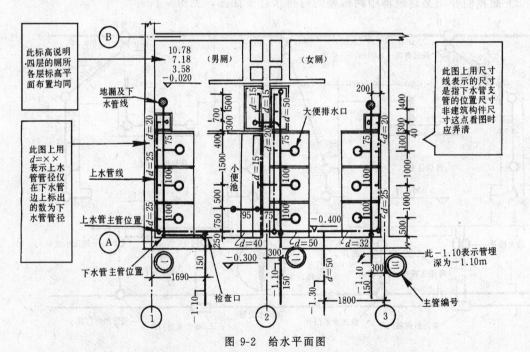

图 9-2　给水平面图

排水平面图主要表示室内排水管的走向、管径以及污水排出的装置，如拖布池、大便器、小便器、地漏等的位置。平面图上一般用粗实线表示排水管道，用双圆圈表示竖向立管的位置。

一般厕所间的给排水管线较多，因此我们选取某办公楼的厕所间作为看图参考（图 9-3）。

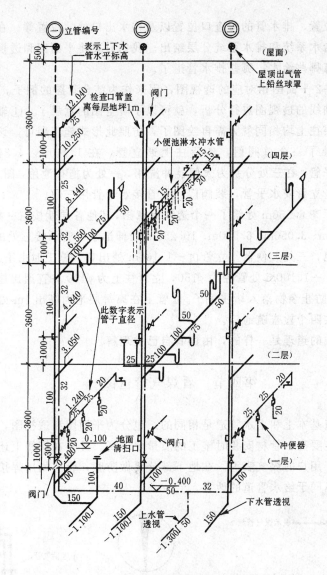

图 9-3 给排水透视图

我们从图上可以看出给水管由墙角立管上来，沿墙在水平方向由Ⓐ轴线向Ⓑ轴线方向伸管。③轴线墙处一个拖布池，三个大便器用水，尺寸位置图上均已标出，水平管径为 $d=25$，到第三个大便器之后改为 $d=20$，通到拖布池为止。②轴线处一根给水管要供给左边那间的小便池及洗手池用，还要供给右边三个大便器和洗手池用。管径分为三部分，一部分主管为 $d=25$，小便池及洗手池处为 $d=15$，穿墙一段短管为 $d=20$。①轴线和③轴线相仿，读者可以自己识图。

我们再看排水管的走向，①②③各轴墙侧处均由Ⓑ轴那边往Ⓐ轴这边排水，由地漏、拖布池、大便器等排出，通入墙角立管，往下排出污水。图上也标出尺寸、管径和标高等内容，读者可以按图看出。

二、看给排水透视图

给排水的透视图是把管道变成线条，绘成竖向立体形式的图纸。在透视图上标出轴线、

147

管径、标高、阀门位置、排水管的检查口位置以及排水出口处的位置等。在透视图上为了看得清楚，往往将给水系统和排水系统分层绘出。我们只要将平面图和透视图结合看，就可以了解哪一层上有哪些给水，哪些排水管道了。

图 9-3 即为图 9-2 平面图相对应的透视图，用来作为结合看图的例子。

我们将图上①轴线的透视图进行分析，就可以了解全图的意思了。①轴线在首层仅绘了给水系统图，二层往上均相同就无需再绘图了，仿照此形式施工即可。该给水立管在首层离地 30cm 处安装了一个总阀门，随后往上通立管，在 1.240m、4.840m、8.440m、12.040m 处伸出水平管，在三处分别为大便器冲洗用，一处为拖布池用，图上有一小阀门。施工时就根据该图竖立管安水平管，装阀门。竖管接水平管用三通。

排水系统是在标高 6.550m 处绘了一个透视示意图，其他各层就按它一样施工。从图上看出排水由 $-0.400m$、3.050m、6.550m、10.250m 处伸出水平管承接五处的污水排除，一处地漏，一处拖布池，三处大便器。立管由 $-1.100m$ 处出口，施工时由下往上安装管道。该处有一个清扫口，$-1.100m$ 处管径为 $\phi150$，立管往上为 $\phi100$ 一直通出屋面。管顶上加铅丝网球形保护罩，防止杂物落入堵住管子。立管上在离每层地面高出 1m 处有一个检查疏通口，本图①轴处共四个检查疏通口。

其他②、③轴线的道理是一样的，由读者自己去理解。

第四节　看煤气管道图

煤气管道的构造基本上和上水管道是相同的。也分为平面图和透视图，只是施工时要求的材质的密封性能要高，管材安装时施工的质量要求高。此外在管线上还装有凝水器及抽水装置、检漏管，用户的煤气表等。在地下部分要做防腐，管道均用焊接来接长，闸阀要密封，这些都是不同于给水管道的地方。

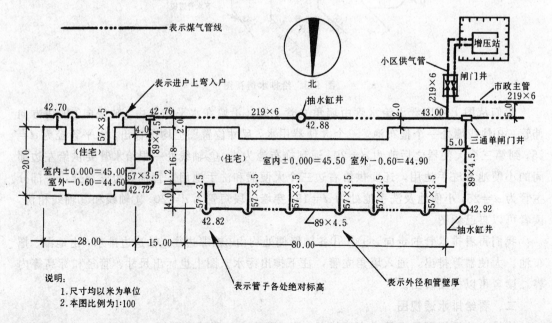

图 9-4

煤气管线一般没有规定的国标图例,但根据现在习惯绘法是用一划四点的线条表示煤气管线,以便在外线管道的综合图中辨出不同的管线。其他图形一般在图上均单独绘制图例加以说明。

一、看煤气管道的外线图

煤气外线图是表示煤气管道在进入建筑物前在室外地下的埋置布置图。在图上要表示出管道的走向、标高、管径、闸门井、抽水凝水装置。图9-4即为两栋住宅外的煤气管道图。

从图上可以看出这是一个建筑群中的两栋住宅外的煤气管道图,在西南角上有一个加压站,提高市政主管道的煤气压力。增压站外有一座闸门井,通过进入增压站的一根管子及经增压后出来的一根管子通向东西两头去,供给这小区的住宅用。在通向图上两栋住宅的管子在主管线上有两座三通单闸门井。每栋楼的主管为外径89mm,管壁厚4.5mm,分管为外径57mm,管壁厚3.5mm,进入楼内。在外线图上的一些转角处均标有管道中心的绝对标高值(煤气管标高和上水管一样以管中心为准)。图上还有凝水器处的抽水缸井的设

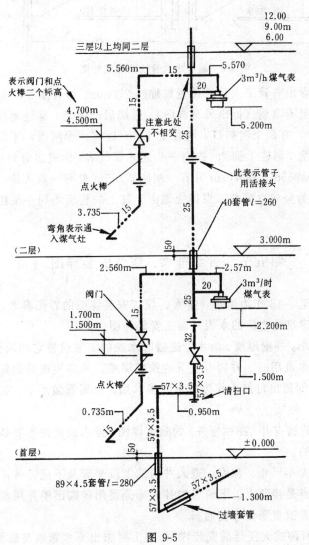

图 9-5

置,具体详图见第五节详图中叙述。

二、看煤气室内平面图系统图

煤气室内平面图上有煤气灶、煤气表、管道走向、管径标志等内容。系统图上有立管及水平管的走向,还有阀门、清扫口、活接头等位置,见图9-5、9-6。

从图9-6中看到这是住宅内厨房的煤气管线及煤气灶图。一个是首层平面,一个是标准

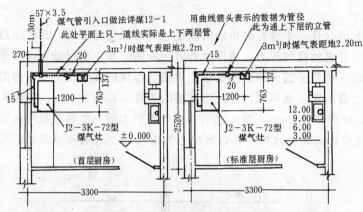

图 9-6 厨房煤气管线及煤气灶图

层平面。首层平面上看出有管子入楼的位置离轴线270mm。结合图9-6可以看出57×3.5,管进入楼内,在进墙处有套管(标出另有详图)。进墙后向上走,穿过地坪用89×4.5的套管,到0.95m时拐弯,有两个清扫口,再往上1.5m处有一个闸阀,平面图上用圆圈加T形表示立管及闸阀位置,再往上到2m左右一头通入煤气表,由表出管到煤气灶,高度是由2.57m到2.56m到0.735m。在1.7m处有一闸阀,1.5m处有一点火棒。再往下用活接头通向煤气灶。另一头为竖向立管往二层以上通去。往上的构造均同一层相仿,读者可以自行看懂。

第五节 看给排水、煤气安装详图

我们选了图9-7至9-13作为给水、排水、煤气安装详图的看图参考。

图9-7为给水进建筑物之前的水表井施工安装详图。

图上看出井的大小,井壁厚度,给水管进楼时水表的安装位置它的两头有阀门各一个,作为修理安装时控制水流用的。井内有上下的铁爬梯蹬,井口用成品的铸铁井盖。井砌在3:7灰土垫层上,中间留出自然土作为放水时渗水用。只要看懂图纸,我们就可以按图备料施工了。

图9-8为排水管的检查井(亦称窨井)的施工详图。排水检查井主要是在排水转弯处及一定长度中需疏通用的。

图上标志出井的大小尺寸、深度、通入井内的上流来管及下流去管,井内也有铁爬梯蹬。排水检查井的特点是接通上、下流管的井内部分要用砖砌出槽并用水泥砂浆抹成半圆形凹槽,底部与两头管道贯通使水流通畅。

图9-9是室内厕所蹲式大便器的安装详图。图上标志出下水管道与磁便器如何接通,以

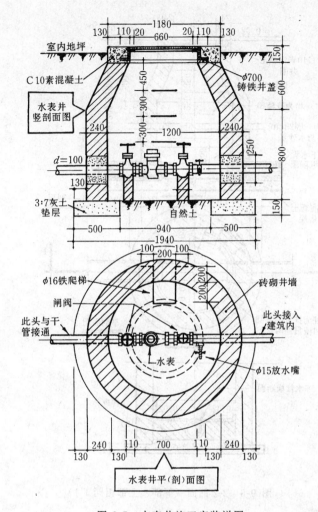

图 9-7 水表井施工安装详图

及各便器流入水平管后如何与立管接通排出污水。读者可以结合图中识图箭上的文字说明自行阅图。

图 9-10 是清扫口（又称地漏）做法详图，它表示的是弯管的剖切图，主要表示出接口处用水泥捻口封闭。

图 9-11 为煤气进墙及穿过楼板、地坪的做法。这是一个剖面图比较容易看懂的。

图 9-12 是煤气闸门井的安装详图，也就是图 9-4 中加压站外的一个双闸门井的具体大样施工图。

图上表明是一个长方形井体，井底和井面均为钢筋混凝土板，本图上省去绘制配筋图，主要着重介绍管道安装和附加设施。可以看到为了便于开关闸门，闸阀安装时必须互相错开位置。为了进入闸门井，井顶板上开有圆形进入口。一般为一个进口，在井身较大时为两个进口，如图上虚线部分所示。进入口的铁爬梯蹬安装时是上下互相错开放置，便于人下去蹬踏。井内还有一个集水坑，施工时应预留出来，作为集聚外渗水用。其他井墙厚为 37cm，过管墙孔用沥青麻丝堵严，墙洞一般比管径各边大 5～10cm。

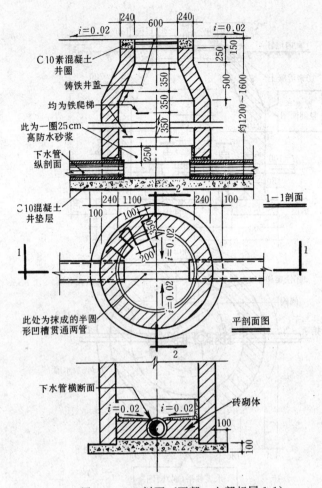

图 9-8 2-2剖面（下部、上部相同1-1）

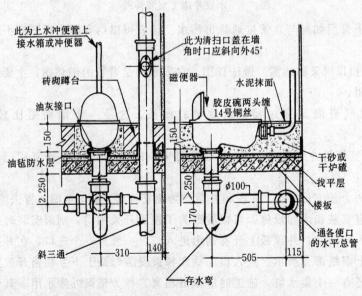

图 9-9 本图为蹲式大便器下水安装详图示意

图 9-13 是一个低压凝水器（抽水缸）的安装图。上部为地面可见到的井，下部为凝水器，中间为抽煤气管中的凝结水的管子。这就是前面图 9-4 中的抽水缸井的施工详图。

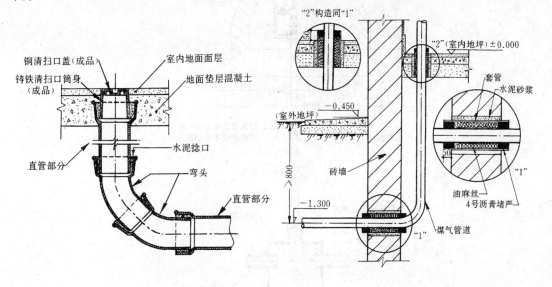

图 9-10 清扫口做法详图示意

图 9-11 煤气进墙及穿楼板，地坪做法

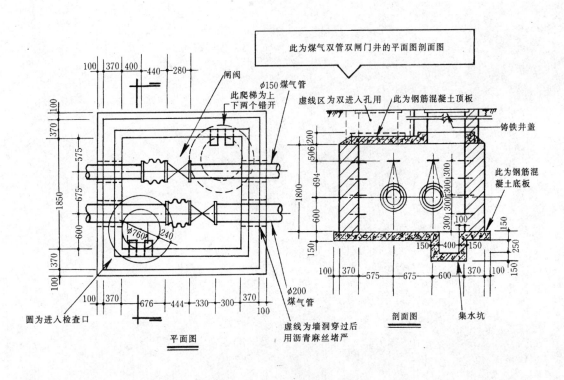

图 9-12 煤气闸门井安装详图

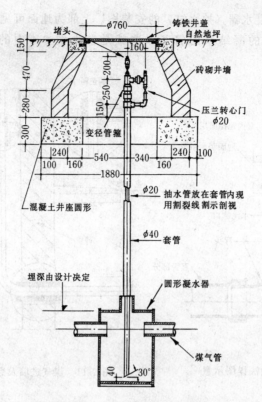

图 9-13 低压凝水器安装图

第十章 怎样看采暖和通风工程图

采暖（供热）是北方房屋建筑需要装置的设备。采暖就是在冬期时由外界给房屋供给热量，保证人们正常生活和生产活动。通风装置是随着社会生产的发展和人民生活的提高，在房屋建筑中开始逐步采用的设施。因此采暖工程的施工和通风工程的安装，都有一套施工图作为安装的依据。本章主要就是介绍这两种图纸的看图方法。

第一节 采暖施工图的一般常识

一、什么是采暖工程

采暖工程是安装供给建筑物热量的管路、设备等系统的工程。如图 10-1 所示。

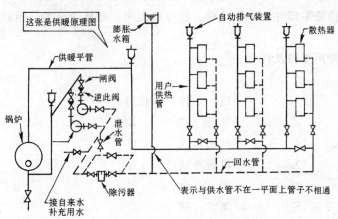

图 10-1 采暖工程图示意

采暖根据供热范围的大小分为局部采暖，集中采暖和区域采暖。以热媒不同又分为水暖（将水烧热来供热），气暖（将水烧成蒸气来供热）。热源（锅炉）将加热的水或气通过管道送到建筑物内，通过散热器散热后，冷却的水又通过管道返回热源处，进行再次加热，以此往复循环。

此外，在采暖布管的方法上一般有四种形式：
(1) 上行式。即热水主管在上边，位置在顶棚高度下面一点；
(2) 下行式。即供热主管走在下边的，位置在地面高度上面一点；
(3) 单立式。即热水管和回水管是用一个立管的；
(4) 双立式。即热水管和回水管分别在两个管子中流动。双立式和下行式一般比较常用。

二、采暖工程施工图的种类和内容

1. 图纸的种类

供热采暖施工图主要分为室内和室外两部分。室外部分表示一个区域的供暖管网,有总平面图、管道横剖面图、管道纵剖面图和详图。室内部分表示一栋建筑物内的供暖工程的系统,有平面图、立管图(或叫透视图)和详图。这两部分图纸都有设计及施工说明。

2. 图纸的内容有以下几部分

图纸设计及施工说明书:主要说明采暖设计概况、热指标、热源供给方式(如区域供暖或集中供暖;水暖或气暖)、散热器(俗称炉片)的型号、安装要求(如保温、挂钩、加放风等)、检验和材料的做法和要求,以及非标准图例的说明和采用什么标准图的说明等。

总平面图:主要表示热源位置,区域管道走向的布置,暖气沟的位置走向,供热建筑物的位置,入口的大致位置等。

管道纵、横剖面图:主要是表示管子在暖气沟内的具体位置,管子的纵向坡度、管径、保温情况、吊架装置等。

平面图:表明建筑物内供暖管道和设备的平面位置。如散热器的位置、数量、水平干管、立管、阀门、固定支架及供热管道入口的位置,并注明管径和立管编号。

立管图(透视图):表示管子走向、层高、层数、立管的管径,立管、支管的连接和阀门位置,以及其他装置如膨胀水箱、泄水管、排气装置等等。

详图:主要是供暖零部件的详细图样。有标准图和非标准图两类,用以说明局部节点的加工和安装方法。

三、采暖施工常用图例及代号

1. 文字代号

名 称	代号	料 体	代号
闸 阀	Z	灰 铸 铁	Z
截止阀	J	球墨铸铁	Q
旋 塞	X	可锻铸铁	K
止回阀	H	铜 合 金	T
疏水器	S	碳 钢	C
安全阀	A	铝 合 金	L
减压阀	Y		
调节阀	T		

2. 图例(表10-1)

表 10-1

图 例	图例的含义
———————	水暖图上表示供热管道
– – – – – – –	水暖图上表示回水管道
—/—/—/—/—	蒸气供热管道
—+—+—+—+—	蒸气凝水回水管

续表

图　　例	图例的含义
	管道有支架固定
	弓形伸张器（补偿器）
	管道中装有除污器
	闸阀
	截止阀
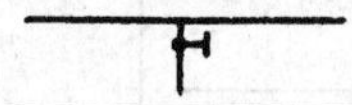	泄水阀
	放气阀
	逆止阀（单向阀）
	疏水器
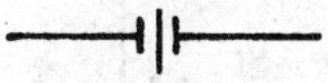	活接头
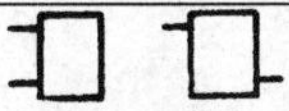	散热器（炉片）
(1)　　(2)	(1) 供热水管的立管平面图 (2) 回水管的立管平面图
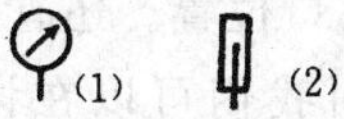 (1)　　(2)	(1) 压力表　　(2) 温度表
 (1)　　(2)	(1) 安全阀　　(2) 水表
	波形伸缩器
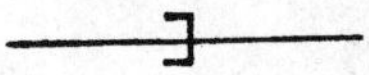	套管伸缩器
	水　泵
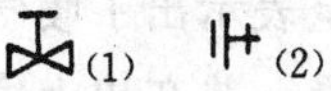 (1)　　(2)	(1) 丝扣闸阀　　(2) 丝堵
	自动排气装置
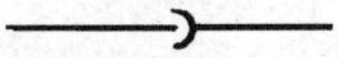	管子到弧形处下行透视如 ⌐ 形式
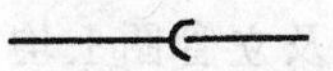	管子到弧形处上行透视如 ⌐ 形式
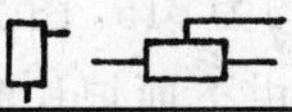	集气罐

第二节 看采暖外线图

暖气外线一般都要用暖气沟来作为架设管道的通道，并埋在地下起到防护、保温作用。图上一般将暖气沟用虚线表示出轮廓和位置，具体做法一般土建图上均有。暖气管道则用粗线画出，一条为供热管线用实线表示，一条为回水管线用虚线表示。图10-2即为一个集中供热采暖工程的外线图。

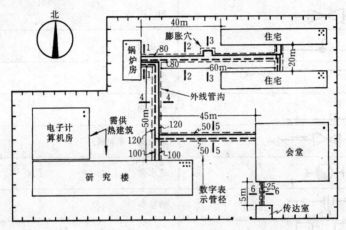

图 10-2 集中供热采暖工程外线图

我们在图上可以看到锅炉房（热源）的平面位置，及供热建筑一座研究楼两栋住宅一个会堂。平面图上还表示出暖气沟的位置尺寸，暖沟出口及入口位置。还有供管线膨胀的膨胀穴。图上还绘有暖沟横剖面的剖切位置，其中1-1剖面我们可以在详图一节中看到。

第三节 看采暖平面及立管图

采暖平面及立管图指暖气管在建筑物内布置的施工图。

一、平面图

为节省篇幅，我们这里取某教学楼中二、三、四楼局部平面，来看暖气平面布置图。见图10-3。

从图上说明看出，该楼暖气片采用钢串片散热器。平面图上表示出了暖气片位置在窗口处，每处二片，并注有长度尺寸。在墙角处表示出立管的位置，并在边上编上立管的编号，以便看立管图时对照。

二、立管图

对照平面图的位置，我们绘制对应的立管图，见图10-4。

我们从图上看出这是一栋四层楼房，各层标高在平面图上及立管图上均已标出。立管图上还标出了管径大小，在说明中还指出与暖气片相接的支管均为$\phi 15$。图上还可以看出热水从供热管先流进上面的炉片，后经过弯管流入下面炉片，再由下面炉片流到回水立管中

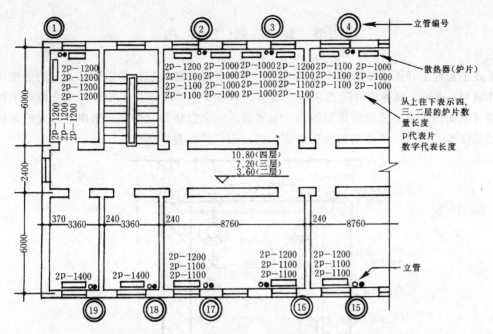

图 10-3 采暖平面图

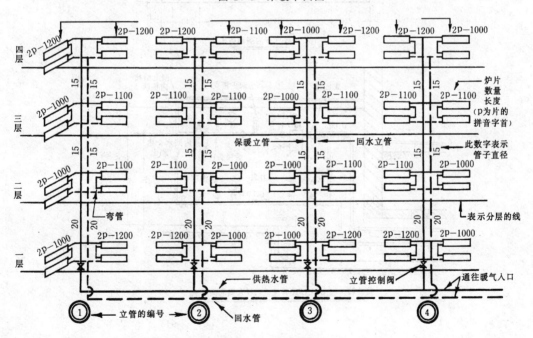

图 10-4 采暖立管图

去。炉片长度尺寸和片数在图上也同样标明，便于与平面图核对。

通过平面和立管图，我们可以看出，这类构造是属于下行式、双立式的结合。并且从图上可了解到管子的直径、尺寸、数量，炉片的尺寸数量就可以备料施工了。此外图上炉片的离地高度均未注明，施工时就按规范要求高度执行。

159

第四节 暖气施工详图

采暖工程施工详图主要为施工安装时用,以便了解详细做法和构造要求。有的要按详图制作成型。所以采暖施工详图亦是施工图中必不可少的一部分。下面图10-5介绍一个外线暖沟横剖面图;一个进供暖房屋的入口装置图;一个散热器(炉片)钢串片形式的大样图,以供读者参考。只要详细阅读识图箭上的说明,就能看懂图纸。

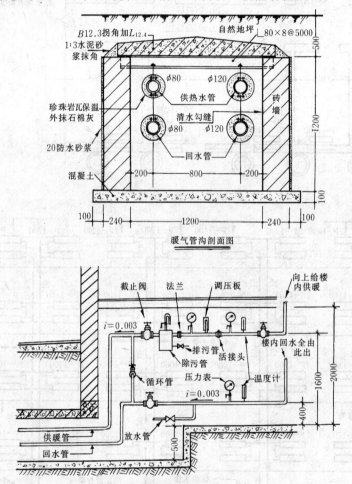

图 10-5 外线暖沟横剖面图

第五节 通风工程的概念

一、什么是通风工程

我们知道人所处的空气环境对人和物都有很大的影响。季节和天气的不同可以使人汗流如雨或冷得发抖；也可以因为干燥或潮湿使物品发生变质。在长期的生产和生活实践中，人们为了创造具有一定的空气温度和湿度，保持清新的空气环境，使人们能正常生活和劳动，采用自然的或人工的方法来调节空气。

房屋建筑上的窗户，起到调节空气的作用，这是一种自然空气流通的办法来调节空气。而当建筑物本身的功能已不能够解决这个问题时，如纺织厂的纺织车间，对空气要求有一定的温湿度；电子工业车间对空气要求控制含尘量，这些就要在建筑物内增加设备的措施来调节空气了。这些建筑设备就是包括前面讲过的供热和下面要讲的通风和空气调节。

供热采暖是冬季对室内空气加热，以补充向外传热，用来维持空气环境的温度的一种措施。

通风是把空气作为介质，使之在室内的空气环境中流通，用来消除环境中的危害的一种措施。主要指送风、排风、除尘、排毒方面的工程。

空调是在前两者的基础上发展起来的，是使室内维持一定要求的空气环境，包括恒温、恒湿和空气洁净的一种措施。由于空调也要用流动的空气—风来作为媒介，因此往往把通风和空调笼统为一个东西了。事实上空调比通风更复杂些，它要把送入室内的空气净化、加热（或冷却）、干燥、加湿等各种处理，使温、湿度和清洁度都达到要求的规定内。通风工程是通风和空调进行施工的过程。

二、通风的构造

通风方式可以分为：

（1）局部排风。即在生产过程中由于局部地方产生危害空气，而用吸气罩等排除有害空气的方法。它的形式见图10-6。

（2）局部送风。工作地点局部需要一定要求的空气，可以采用局部送风的方法。它的形式见图10-7。

（3）全面通风。这是整个生产或生活空间均需进行空气调节的时候，就采用全面送风的办法。其形式可见图10-8。

任何一个空调，通风工程都有一个循环系统，由处理部分、输送部分、分布部分以及冷、热源等部分组成。其全过程如图10-9，称为系统图。

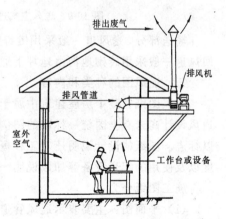

图 10-6 局部排风系统示意图

从图上可以看出送风道、回风道是属于输送部分；空气进口到送风机中间一段为处理部分；几个房间为分布部分。看通风图纸主要就是看输送部分和分布部分的施工图。

其中空气处理室部分一般有两种，一种是根据设计图纸现场施工的，其外壳常用砖砌或钢筋混凝土结构；另一种是工厂生产的定型设备，运到工地进行现场安装的，外壳一般是钢板的。

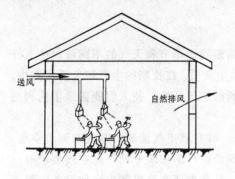

图 10-7 局部送风系统示意图

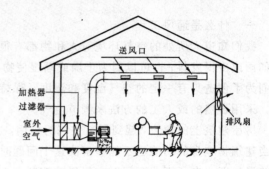

图 10-8 全面送排风系统示意图

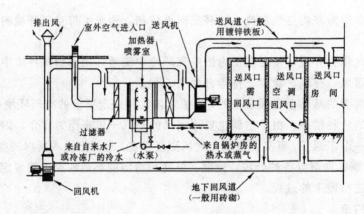

图 10-9 送入空气进行处理的风道送风回风空调系统示意图

输送部分，送风道一般采用镀锌钢板或定型塑料风管做成。风道都安装在房间吊顶内；回风道一般采用砖砌地沟由地坪下通到排风机。

三、通风图的种类和内容

通风图纸在整个房屋建筑中属于设备图纸一类，在目录表中的图号都注上设×的编号。通风设计尚未有全国统一标准的图例和代号，因此图上所用图例及代号均在设计说明中加以标志。图纸的设计说明还对工程概况、材料规格、保温要求、温湿度要求、粉尘控制程度以及使用的配套设备等加以说明。

施工图纸分为：

(1) 平面图：主要表示通风管道、设备的平面位置、与建筑物的尺寸关系。

(2) 剖面图：表示管道竖直方向的布置和主要尺寸，以及竖向和水平管道的联接，管道标高等。

(3) 系统图：表明管道在空间的曲折和交叉情形，可以看出上下关系，不过都用线条表示。

(4) 详图：主要为管道、配件等加工图，图上表示详细构造和加工尺寸。

第六节 看通风管道的平、剖面图

一、看通风管道的平面图

我们取某建筑的首层通风平面布置图作为看图例子，见图 10-10。

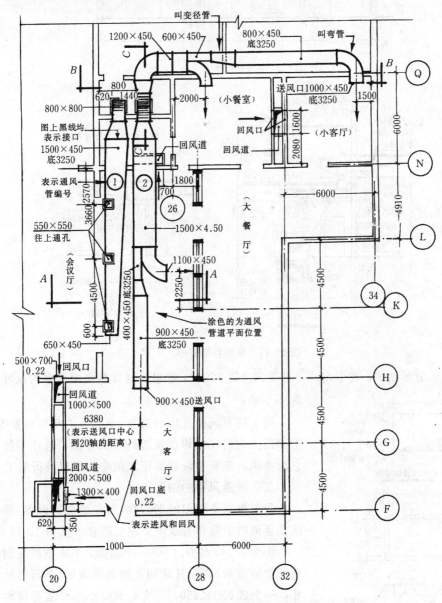

图 10-10 某宾馆通风管道局部平面图

从图上看出这是二个通风管道系统，为了明显起见管道上都涂上深颜色。看图时必须想象出这根管子不是在室内底部的平面上面，而是在这个建筑物的空间的上部，一般吊在吊顶内。其中一根是专给会议厅送风的管道；另一根是分别给大餐厅、大客厅、小餐室、客厅四个房间送风的。图上用引出线标志出管道的断面尺寸，如 1000×450 即为管道宽 1m，

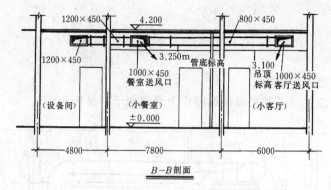

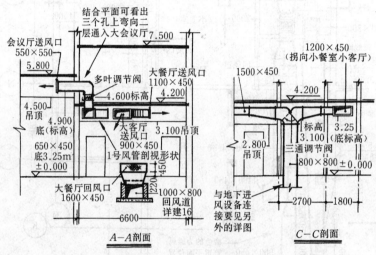

图 10-11 通风管剖面图

高45cm的长方形断面。在引出线下部写的"底3250",意思是通风管底面离室内地坪的高为3.25m。

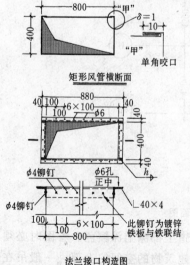

图 10-12 通风施工详图
(注：也有圆形通风管的)

图上还有风向进出的箭头,剖切线的剖切位置等。从平面图上我们仅能知道管道的平面位置,这还不能了解它的全貌,还需要看剖面图才能全面了解进行施工。

二、看通风管的剖面图

我们根据平面图的剖切线,可以绘成剖面图,看出管道在竖向的走向和与水平方向的联接。见图10-11。

图为A-A、B-B、C-C三个剖面、A-A剖面是剖切两根风管的南端,切口处均用孔洞图形表示,并写出断面尺寸,一个是650×450,一个是900×450,底面离地坪为3.25m,还看到风管由首层竖向通到二层拐弯向会议厅送风,位置在会议厅的吊顶内。结合平面可以看出共三个拐弯管弯入二层向会议厅去,并标出送风口离地标高为4.900m。A-A剖面上还可以看到地面部分有回风道的入口,图上还注明回风道,看土建图纸建16,这时就要找出土建图结合一起看图。

$B\text{-}B$ 剖面是看到北端风管的空间位置,图上标出了风管的管底标高,几个送风口尺寸。

$C\text{-}C$ 剖面主要表示送风管的来源,风管的竖向位置,断面尺寸,与水平管联接采用的三通管,在三通中有调节阀等等。

通过平面图和剖面图结合看,就可以了解室内风管如何安装施工。在看图中还应根据施工规范了解到风管的吊挂应预埋在楼板下,这在看图时应考虑施工时的配合预埋。

三、看通风施工的详图

详图主要用为制作风管等用,现介绍几个弯管、法兰的详图,作为对详图的了解,见图 10-12、图 10-13（a）（b）（c）（d）。

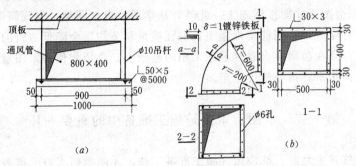

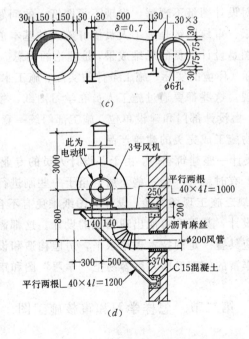

图 10-13 通风施工详图
(a) 通风管吊挂剖面图;(b) 矩形弯管图;
(c) 变径管 (俗称大小头) 详图;
(d) 风机在外墙上安装图

第十一章 建筑施工图的学习和审核

学会看懂建筑施工图，目的是为了实际施工。从工人同志来讲，不同工种学习阅看施工图，都是从本工种在施工生产中实际需要入手，看懂图意，指导操作。目前要求高级工都能看懂本工种的复杂施工图，并能审核图纸。要看懂图纸，首先要对施工图进行"学习"，通过学习领会图意才能按图施工。此外，从学图中审核图纸，发现问题，提出问题，建议设计部门进行修改，达到能实现施工，保证质量和节约资金降低造价的目的。

因此本章重点是在前面学会看建筑施工图的基础上，介绍如何理解图意和如何审核图纸，从而提高看图水平，指导施工生产。

第一节 学图、审图是施工准备中的重要一环

任何一座建筑开工之前，都应做好施工准备工作，才能做到不打无准备之仗。学好图纸领会图意，同时进行图纸审核，这是施工管理工作中施工准备阶段的一项重要技术工作。作为施工人员如果对设计图纸不理解，发现不了图纸上的问题，这就会在施工生产中造成困难。因此学好图纸、审核图纸是施工人员搞好施工的基本前提。

设计好的建筑施工图是设计人员的思维成果，是理论的构思。这种构思形成的建筑物，是否完善，是否切合实际（环境的实际、施工条件的实际、施工水平的实际等），是否能够在一定的施工条件下实现。这些都要通过施工人员在学习图纸，领会设计意图及审核图纸中发现问题，提出问题，由设计部门和建设单位、施工部门统一意见对图做出修改、补充，这样才能使设计的建筑物施工成完美的建筑产品。

还有，设计人员在设计一座建筑物时，由于各设计人员的专业不同，设计的程序不同，当综合到一个工程上时，有时就会产生一些矛盾。至于一些刚进行设计工作的人员（如学校刚毕业工作不久的），缺乏施工现场经验，设计的图纸难免有不合理之处，或在构造上施工无法实施的低水平的设计，甚至有可能出现错误的设计。这都需要审核。

学图和审图要我们应具备一定的技术理论水平，房屋构造和设计规范的基本知识。加上我们的自身条件——丰富的施工经验，就容易把"学习"图和审核图纸的事情做好。

第二节 怎样学习和审核施工图

一、建筑施工图中各类专业间的关系

为什么要提出这个问题呢？因为一整套的建筑施工图包括了建筑设计的施工图、结构设计的施工图以及水、电、暖、通等设计的安装施工图。这些不同的图纸都是由不同专业的设计人员设计的。而各类专业图纸的设计都是依据建筑设计图纸为基础的。因为每一座建筑的设计往往先由建筑师进行构思，他们从建筑的使用功能、环境要求、历史意义、社

会价值等方面确定该建筑的造型、外观艺术、平面大小、高度和结构形式。当然，作为一个建筑师也必须具备一定的结构常识和其他专业的知识，才能与结构工程师和其他专业的工程师相配合。另外作为结构工程师在结构设计上应尽量满足建筑师构思的需要及与其他专业设计的配合，达到建筑功能的发挥。比如建筑布置上需要大空间的构造，则结构设计时就不宜在空间中设置柱子，而要设法采用符合大空间要求的结构形式，如预应力混凝土结构、钢结构、网架结构等。再有如水、电、暖、通的设计也都是为满足建筑功能需要配合建筑设计而布置的。这些设施在设计时既要达到实用，同时在造型上也必须达到美观。比如当今建筑中的灯具，不仅是电气专业为照明的需要而设计的，而且也成了建筑上的一种装饰艺术。

所以作为一个施工人员应该了解各专业设计中的主次配合关系，只有这样才能在学习和审查图纸时知道以什么为"基准"。

这个"基准"就是建筑施工图。在学图和审图时发现了矛盾和问题，就要按"基准"来统一。所以各类专业设计的施工图都要以建筑施工图这个"基准"为依据。以它的基础进行学图，以它为基础进行审图。

二、怎样学习和审核建筑总平面图

建筑总平面图是与城市规划有关的图纸，也是房屋总体定位的依据。尤其是群体建筑施工时，建筑总平面图更具有重要性。

因此对建筑总平面图的学习和审核，施工人员还应掌握大量的现场资料。如建筑区域的目前环境，将来可能发展的情形，建筑功能和建成后会产生的影响等。如在第二章中所讲到的现场草测，也是对建筑总平面图进行审核的一种方法。

建筑总平面图一般应学习和审核的内容是：

(1)通过学图,可对总图上布置的建筑物之间的间距,是否符合国家建筑规划设计的规定,进行审核。比如规范规定前后房屋之间的距离,应为向阳面前房高度的 1.10～1.50 倍,如图 11-1 所示。否则会影响后房的采光,房屋间的通风。尤其在原有建筑群中插入的新建筑,这个问题更应重视。

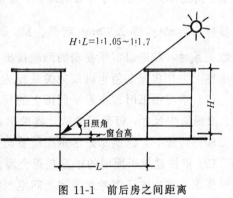

图 11-1　前后房之间距离

(2) 房屋横向（即非朝向的一边）之间，在总图上布置的相间距离，是否符合交通、防火和为设置管道需开挖的沟道的宽度所需的距离。通常房屋横向的间距至少应有 3m 大小。

(3) 根据总平面图结合施工现场查核总图布置是否合理，有无不可克服的障碍，能否保证施工的实施。必要时可会同设计和规划部门重新修改总平面布置图。

(4) 在建筑总平面图上如果包括绘制了水、电等外线图，则还应了解总平面上所绘的水、电引入线路与现场环境的实际供应水、电线路是否一致。通过审核取得一致。

(5) 如总平面图上绘有排水系统的，则亦应结合工程现场查核图纸与实际是否有出入，能否与城市排水干管相联结等。

(6) 查看设计确定的房屋室内建筑标高零点，即 ± 0.000 处的相应绝对标高值是多少，以及作为引进标高的城市（或区域）的水准基点在何处。核对它与建筑物所在地方的自然地面是否相适应，与相近的城市主要道路的路面标高是否相适。所谓能否相适应是指房屋建成后长期使用中会不会因首层±0.000地坪太低或过高造成建造不当。必要时就要请城市规划部门前来重新核实。

（7）绘有新建房屋的管线的总图，可以查看审核这些管道线路走向、距离，是否能更合理些，可以从节约材料、能耗、降低造价的角度提出一些合理化建议，这也是审图的一个方面。

三、怎样学习和审核建筑施工图

1. 学习和审核建筑平面图

建筑平面图和立面图是确定一座建筑房屋的"基准"。建筑平面布置是依据房屋的使用要求、工艺流程等，经过多方案比较而确定的。因此学习和审核图纸必须先了解建设单位的使用目的和设计人员的设计意图，并应掌握一定的建筑设计规范和房屋构造的要求，所以一般主要从以下几个方面来进行学、审。

（1）首先我们应了解建筑平面图的尺寸应符合设计规定的建筑统一模数。建筑模数国家规定以100mm作为基本模数。按基本模数为标准还分为扩大模数和分模数，基本模数用符合M_0表示，扩大模数以3的倍数增长，有$3M_0$、$6M_0$、$15M_0$、$30M_0$、$60M_0$等。相应尺寸为300mm、600mm、1500mm、3000mm等。分模数有$\frac{1}{10}M_0$、$\frac{1}{5}M_0$、$\frac{1}{2}M_0$，相应尺寸为10mm、20mm、50mm，这在前面已介绍过。

扩大模数主要用在房屋的开间、进深等大尺寸设计时便于计算；分模数主要用于具体构造、构配件大小的尺寸计算的基数，如混凝土楼板的厚度可以用$\frac{1}{10}M_0$做基数，假设设计的板厚为70mm，那么70mm就是$\frac{1}{10}M_0$分模数的七倍。因此在学习图纸时发现尺寸不符合模数关系时，就应以审图发现的问题提出来，因为构配件的生产都以模数为基准的，安装到房屋上去，房屋必须也以模数关系相适应。

（2）学习图纸时要查看平面图上的尺寸注写是否齐全，分尺寸的总和与总尺寸是否相符。发现缺少尺寸，但又无法从计算求得，这就要作为问题提出来。再如尺寸间互相矛盾，又无法得到统一，这些都是学审图应看出的问题。

（3）审核建筑平面内的布置是否合理，使用上是否方便。比如门窗开设是否符合通风、采光要求，在南方还要考虑房间之间空气能否对流，在夏季可以达到通风凉快。门窗的开关会不会"打架"；公共房屋的大间只开一个门能不能满足人员的流动；公用盥洗室是否便于找到，且又比较雅观。走廊宽度是否适宜，太宽浪费地方，太窄不便通行。这些方面我们虽是施工人员，但在房屋保修回访中往往容易听到房屋使用者的意见，这就有利于我们积累经验，用到审查图纸中去。如我们见到某一住宅建成后，两个居室连在一起由一个居室进入另一个居室，没有在"客厅"中对两个居室分别开门，使家庭使用上很不方便。还有一套住宅，一进门有一小小走廊，连接的是客厅，而设计者把走廊边的厕所门对着客厅开，而不在走廊一侧开，在有客人时家人使用厕所很不雅观。这些都是设计考虑欠周全的地方，我们在审阅图纸时都可以提出来改进，达到比较完善的情形。

（4）可查看较长建筑、公共建筑的楼梯数量和宽度是否符合人流疏散的要求和防火规定的完全要求。我们曾经参加一个推荐为优秀设计的四层楼的宾馆评定,由于该设计只有一座楼梯,虽然造型很美,但因不符合公共建筑防火安全应有双梯的要求,而没有评上优秀。

我们在施工中建造一座生产车间,因车间人员少,设计上只考虑了一座楼梯,在人流上完全可以满足要求。但我们在审图时向建设单位和设计人员提出建议,增加简易安全防火梯,经双方同意在车间另一端增加了一座钢楼梯,作为安全用梯,后来在使用中建设单位反映也很满意。

(5) 对平面图中的卫生间、开水间、浴室、厨房是要查看一下比其他房间低多少厘米,以便施工时在构造上可以采取措施。再有坡向及坡度大小多少,如果图上没有标明,其他图上又没有依据可找,这也要在审图时作为问题提出。

(6) 在看屋顶平面图时,尤其是平屋顶屋面,应查看屋面坡度的大小,沿沟坡度的大小;看看落水管的根数是否能满足地区最大雨量的需要。因为有的设计图纸不一定是本地区设计部门设计的,对雨量气象不一定了解。我们发现过由于挑檐高度较小,落水管数量不够,下暴雨时雨水从檐沟边上翻漫出来的情形。所以虽是屋顶平面图,有时看来图面很简单,但内容却不一定就少。

有女儿墙的屋顶,砖砌女儿墙往往与下面的混凝土圈梁在多年使用中产生温差收缩差异而发生裂缝,使建筑很难看和渗水。我们曾在审图中建议在圈梁上每 3m 有一构造柱,将砖女儿墙分隔开,顶上再用压顶连结成整体,最后使用的结果,就比通常砖砌女儿墙好,没有明显裂缝。这是通过审图建议取得的效果。

(7) 除了上述几点之外,在看平面图时还要看看有哪些说明、标志、及相配合的详图。结合查看可以审核它们之间有无矛盾,可以防止施工返工或修补的出现。如我们曾在质量检查中发现某建筑楼梯间内设置的消火栓箱,由于位置不当而造成墙体削弱,在箱洞一边仅留有 240×120 的砖砾,上面还要支承一根过梁,过梁上是楼梯平台梁。这 240×120 的小"柱子"在安装中又受到剔凿,对结构产生极不利的影响,这种情形本应该在学审图纸时可以提出来解决的,但因为审图不细,在施工检查中才发现,再重新加固处理,增加了不少麻烦。

所以,详细耐心的审图是很必要的,可以给施工带来不少方便,也可以增加工程的效益。

2. 学习和审查建筑立面图

建筑立面图往往反映出设计人员在建筑风格上的艺术构思。这种风格可以反映时代、反映历史、反映民族及地方特色。建筑施工图出来之后,建筑立面图设计人员一般是不太愿意再改动的。

那么我们审查图纸应从哪些方面着手呢?根据经验我们认为大致可以从以下几个方面来学习和审核立面图。

(1) 从图上了解立面上的标高和竖向尺寸,并审核两者之间有无矛盾。室外地坪的标高是否与建筑总平面图上标的相一致。相同构造的标高是否一致等。

(2) 对立面上采用的装饰做法是否合适,也可以提出一些建议。如有些材料或工艺不适合当地的外界条件,如容易污染,或在当地环境中会被腐蚀,或材料材质上还不过关等。

(3) 查看立面图上附带的构件如雨水落管、消防铁梯、门上雨篷等,是否有详图或采用什么标准图,如果不明确应作为问题记下来。

(4) 更高一步的看,我们可以对设计的立面风格、形式提出我们的看法和建议。如立面外形与所在地的环境是否配合,是否符合该地方的风格。

建筑风格和艺术的审核,需要有一定的水平和艺术观点,但并不是不可以提出意见和建议的。

3. 学习和审查建筑剖面图

(1) 通过学看图纸,了解剖面图在平面图上的剖切位置,根据看图经验及想象审核剖切得是否准确。再看剖面图上的标高与竖向尺寸是否符合,与立面图上所注的尺寸、标高有无矛盾。

(2) 查看剖面图本身如屋顶坡度是否标志,平屋顶结构的坡度是采用结构找坡还是构造找坡(即用轻质材料垫坡),坡度是否足够等。再有构造找坡的做法是否说明,均应查看清楚。并可对屋面保温的做法,防水的做法提出建议。比如在多雨地区屋面保温采用水泥珍珠岩就不太适应,因水分不易蒸发干,做了防水层往往会引起水气内浸,引起室内顶板发潮等。有些防水材料不过关质量难以保证,这些都可以作为审图的问题和建议提出。

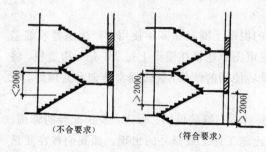

图 11-2 楼梯平台高度示意

(3) 楼梯间的剖面图也是必须阅审的图纸。我们在好多住宅中碰到设计时因考虑不完善,楼梯平台转弯处,往往净空高度较小,使用很不方便,人从该处上下有碰撞头部之危险,尤其在搬家时更困难。从设计规定上一般要求净高应大于或等于2m,如图 11-2 所示。

4. 学习和审核施工详图(大样图)

(1) 学图时对一些节点或局部处的构造详图也必须仔细查看。构造详图有在成套施工图中的,也有采用标准图集上的。

凡属于施工图中的详图,必须结合该详图所在建筑施工图中的那张图纸一起审阅。如外墙节点的大样图,就要看是平面或剖面图上那个部位的。了解该大样图来源后,就可再看详图上的标高、尺寸、构造细部是否有问题,或能否实现施工。

凡是选用标准图集的,先要看选得是否合适,即该标准图与设计图能不能结合上。有些标准图在与设计图结合使用时,联接上可能要作些修改,这都是审阅图纸可以提出来的。

(2) 审核详图时,尤其标准图要看图上选配的零件、配件目前是否已经淘汰,或已经不再生产,不能不加调查照图下达施工,结果没有货源再重新修改而耽误施工进展。

四、怎样学习和审核结构施工图

1. 学习和审核基础施工图

基础施工图主要是两部分,一是基础平面图,一是构造大样图。

(1) 在学审基础平面图时,应与建筑平面图的平面布置、轴线位置进行核对。并与结构平面图核对相应的上部结构,有没有相应的基础。此外,也要对平面尺寸、分尺寸、总尺寸等进行核对。以使在施工放线时应用无误。

(2) 对于基础大样图,主要应与基础平面图"对号"。如大样图上基础宽度和平面图上是否一致,基础对轴线是偏心的还是中心的。

基础的埋设深度是否符合地质勘探资料的情况,发现矛盾应及时提出。还有,也可以对埋置过深又没有必要的基础设计,提出合理化建议,以便降低造价,节约劳动量。

(3) 如果在老建筑物边上进行新建筑的施工,那么审核基础施工图时,还应考虑老建筑的基础埋深,必要时应对新建筑基础埋深作适当修改。达到处理好新老建筑相邻基础之间受力关系,防止以后出现问题。

(4) 在学审图时还应考虑基础中有无管道通过,以及图上的标志是否明确,所示构造是否合理。

(5) 查看基础所用材料是否说明清楚,尤其是材料要求和强度等级,同时要考虑不同品种时施工是否方便或应采取什么措施。比如我们遇到过一个基础混凝土强度等级为C15,而上部柱子及地梁用C20。看图时如果不认真,不注意,施工时不采取措施,就可能造成质量事故。有时为了施工方便和不致弄错,学审图也可以提出建议要求基础混凝土也用C20,改一下配筋构造,这也是审图时可以做到的。

2. 学习和审核主体结构图

主体结构施工图是随结构类型不同而不同,因此学习和审核的内容也不相同。

(1) 砖砌体为主的混合结构房屋 对这类房屋的学习和审核主要是掌握砌体的尺寸、材料要求、受力情况。比如砖墙外部的附墙柱,在学图时应了解它是与墙共同受力的,还是为了建筑上装饰线条需要的,这在施工时可以不同对待。

除了砌体之外,对楼面结构的楼板是采用空心板还是现浇板这也应了解,空心板采用什么型号,和设计的荷载是否配合,这很重要。图上如果疏忽而我们又不查核,要施工到工程上将会出大问题。

再有还应审核结构大样图,如住宅的阳台,在住宅中属于重要结构部分。阅图时要查看平衡阳台外倾的内部压重结构是否足够?比如是悬臂挑梁则伸入墙内的长度应比挑出的长度长些,梁的根部的高度应足够,以保证阳台的刚度。我们碰到过一住宅的阳台人走上去有颤动感,经查核挑梁的强度够了而刚度不够。使用户居住在里面会缺乏安全感。

(2) 钢筋混凝土框架结构类型的房屋 对该类房屋图纸的学习,主要应掌握柱网的布置、主次梁的分布、轴线位置;梁号和断面尺寸,楼板厚度,钢筋配置和材料强度等级。

审核结构平面和建筑平面相应位置处的尺寸、标高、构造有无矛盾。一般楼层的结构标高和建筑标高是不一样的。结构标高要加上楼地面构造厚度才是建筑标高。

在阅看结构构件图时,更应仔细一些。如图上的钢筋根数,规格,长度和锚固要求。有的图上锚固长度往往未注写,看图时就应记下来以便统一提出解决。有的图上看不出,但通过思索及施工经验,可以发现局部由于钢筋来回串插,造成配筋过密无法施工;有的违反了施工规范的要求,这在学审图时也应该作为问题提出来。

(3) 单层工业厂房排架类结构形式 对单层工业厂房结构图的阅看和审核,主要是掌握柱距、跨度、高度,屋盖类型等。对构件的尺寸、长度、配筋应仔细查对。如有吊车梁的厂房应查核吊车梁的型号和吊车起重量要求的是否符合。采用标准图进行施工的应查看设计说明与标准图构件是否一致。我们曾遇到过一个施工单位因采用标准图而未注意设计说明的要求,而发生严重质量事故的情形。

像在工地制作的有牛腿的吊车柱,看图有时还要通过计算核对尺寸。主要是核对构件图上该柱子从根部到牛腿面的尺寸,与结构剖面图上牛腿标高能否一致。因为剖面图上一

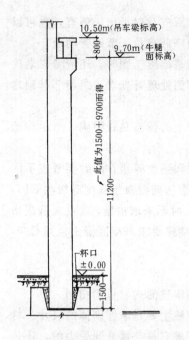

图 11-3 柱子构件尺寸标准

般标志的是吊车梁面的标高,假设该标高为10.50m,查得吊车梁高度为800mm,那么牛腿处的标高为9.70m。如果该柱子插入的杯型基础为-1.50m,那么吊车柱的牛腿面到柱根的长度应为:9.70m-(-1.50m)=9.70m+1.50m=11.20m。经计算与柱子构件图上注的尺寸相同,那么说明准确,施工就可以保证质量,见图11-3所示。

单层工业厂房在进行技术改造时,有时要加以接建。这时就有新老厂房的联结问题,学审图纸时就要更加注意。尤其是屋面标高、吊车梁面标高,除了查原老厂房图纸之外,最好还要实地去量一量,否则会接合不好。

我们曾遇到过某施工单位接建一车间时由于看图时忽略了新建部分,使用了预应力混凝土的吊车梁,施工时按原有部分柱子及柱子上牛腿柱高进行建造,最后在吊车梁安装上去时发现低了10cm,幸亏是低了,在就建部分柱牛腿上垫高10cm,解决了矛盾。反之如果高了10cm,那就是严重问题。所以学审图纸马虎不得。

以上只是对结构施工图如何审核、阅看的简单介绍。

总之,对结构施工图的学习和审核应持慎重态度。因为建筑的安全使用,耐久年限都与结构牢固密切相关。不论是材料种类、强度等级、使用数量、还是构造要求都应阅后记牢。学习审核结构施工图,需要我们在理论知识上、经验积累上、总结教训上都加以提高。这样才能在学习图纸时领会得快,发现问题切合实际,从而保证房屋建筑设计和施工质量的完善。

五、怎样学习和审核电气施工图

电气施工图往往以用电量和电压高低不同来区分。一般地说工业用电电压为380V,民用用电电压为220V。

因此我们学习和审核电气施工图也按此分别进行。这里也只是介绍一般的阅、审图纸的要点。

1. 一般民用电气施工图的学习和审核

首先要看总图,了解电源入口;并看设计说明了解总的配电量。这时应根据设计时与后来建设单位可能变更的用电量之差别来核实进电总量是否足够,避免施工中再变更,造成很多麻烦。通常从发展的角度出发,设计的总配电量应比实际的用电量大一个系数。比如目前民用住宅中家用电气的增加,如果原设计总量没有考虑余地,线路就要进行改造,这将是一种浪费。这是审核电气图纸首先要考虑的。

再有是电流用量和输导线的截面是否配合,一般也是输电导线应留有可能增加电流量的余地。

以上两点审核的要点掌握后,其他主要是从图纸上了解线路的走向,线是明线还是暗线,暗线使用的材料是否符合规范要求。对于一座建筑上的电路先应了解总配电盘设计放置在何处,位置是否合理,使用时是否方便。每户的电表设在什么位置,使用观看是否方便合理。一些电气器具(灯、插座……)等在房屋内设计安放的位置有什么不合理,施工或以后使用不方便的地方。如我们见到过一大门门灯开关，就设置在外墙上，这就不合理，因为易被雨水浸湿而漏电，应装在雨篷下的门侧墙上，并采用防雨拉线开关，这样就合理了，也符合安全用电。

再有，也可以从审图中提出合理化建议，如缩短线路长度、节约原材料等，使设计达到更完善的地步。

2. 工业电气施工图的学习和审核

相对地说，工业电气施工图比民用电气施工图要复杂一些。因此学、审图时要比较仔细以避免差错。在看图时要将动力用电和照明用电在系统图上分开学、审。重点应学、审动力用电的施工图。

首先应了解所用设备的总用电量，同时也应了解实际的设备与设计的设备用电量是否由于客观变化而发生变化。在核实总用电量后再从施工经验和实践中看看所用导线截面积是否足够和留有余地。

其次应了解配变电系统的位置，以及由总配电盘至分配电盘的线路。作为一个工厂往往设有厂用变电所，分到车间大些的则有小变电室，小车间则有变电柜，在我们学、审图时都把系统缩小，由小到大扩展，分系统审阅图纸可以减少工作量。由分系统到大系统再到变电所到总图，这样也便于核准总电量。因此审阅各系统的电气施工图达到准确，就可以在这系统内先进行施工了。

第三，对系统内的电气线路，则要查看是明线还是暗线，是架空绝缘线，还是有地下小电缆沟。线路是否可以以最小距离到达设备使用地点。暗管交错走时是否重叠，地面厚度能不能盖住。具体的一些问题还要与土建施工图核对。

六、怎样学习和审查给排水施工图

1. 给水系统图纸的审阅

（1）从设计总图中阅看了解供水系统水源的引入点在何处。阅看水管的走向、管径大小，水表和阀门井的位置，以及埋深。审核总入口管径与总设计用水量是否配合，以及当地的平均水压力与选用的管径是否合适。由于水质的洁净程度要考虑水垢沉积减小管径流量的发生，所以进水总管应在总用水量基础上适当加大一些管径。再有要看管子与其他管道或建筑、地物有无影响和妨碍施工，是否需要改道等，在审阅图纸时可以事先提出。

（2）在阅看单位工程内的施工图时，主要是阅看给水系统透视图，从而了解主管和水平管的走向、管径大小、接头、弯头、阀门开关的数量，还可了解水平管的标高位置，所用卫生器具的位置、数量。在审核中主要应查看管道设置是否合理，水表设计放置的位置是否便于查看。要进行局部修理（分层或分户）时，是否有可控制的阀门。配置的卫生器具是否经济合理，质量是否可靠。

南方地区民用住宅的屋顶上都设有水箱，作为调节水压不足时上面几层住户的用水。进出水箱的水管往往暴露在外，有的设计上往往忽略了管道的保温，造成冬季冻裂浸水。所以审图时也要注意设计上是否考虑了保温。

（3）对于大型公共建筑、高层建筑、工业建筑的给水施工图，还应查阅有无单独的消防用水系统，而它不能混在一般用水管道中。它应有单独的阀门井、单独管道、单用阀门，否则必须向设计提出。同时图上设计的阀门井位置，是否便于开启，便于检修，周围有无障碍，以保证消防时紧急使用。

2. 排水系统施工图的审阅

(1) 主要是学习和了解建筑物排出水管的位置及与外线或化粪池的联系和单位工程中排水系统透视图。从而知道排水管的管径、标高、长度以及弯头、存水弯头、地漏……等零部件数量。再有由于排水管压力很小,要知道坡度的大小。

(2) 学习了解所用管道的材料和排水系统相配合的卫生器具。审图中可以对所用材料的利弊提出问题或建议可供设计或使用单位参考。

(3) 根据使用情况可审核管径大小是否合适。如一些公用厕所由于目前使用条件及人员的多杂,其污水总立管的管径不能按通常几个坑位来计算,有时设计 $\phi100$ 的管径往往需要加大到 $\phi150$,使用上才比较方便,不易被堵塞。

再有可审查有些带水的房间,是否有地漏装置,假如没有则可以建议设置。

(4) 对排水的室外部分进行审阅。主要是管道坡度是否注写,坡度是否足够。有无检查用的窨井、窨井的埋深是否足够。还应注意窨井的位置,是否会污染环境及影响易受污的地下物(如自来水管、煤气管、电缆等)。

七、采暖、通风施工图的学习和审核

1. 采暖施工图

采暖施工图可以分为外线图和房屋内部线路图两部分。

(1) 外线图主要是从热源供暖到房屋入口处的全部图纸。在该部分施工图上主要了解供热热源在外线图上的位置。其次是供热线路的走向,管道沟的大小、埋深,保温材料和它的做法。还有是热源供给多少个单位工程,管沟上有几个膨胀穴。

对外线图主要审核管径大小,管沟大小是否合理,如沟的大小是否方便修理;沟内管子间距离是否便于保温操作。使用的保温材料性能包括施工性能是否良好,施工中是否容易造成损耗过大。这可以根据施工经验提出保温热耗少的材料和不易操作损耗多的材料的建议。

(2) 单位工程内的采暖施工图,主要了解暖气的入口及立管、水平管的位置走向。各类管径的大小、长度,散热器的型号和数量。再有是弯头、接头、管堵、阀门等零件数量。

审核主要是看它系统图是否合理,管道的线路应使热损失最小。较长的房屋室内是否有膨胀管装置。过墙处有无套管,管子固定处应采用可移动支座。有些管子(如通过楼梯间的)因不住人应有保温措施减少热损失。这些都是审图时可以提出的建议。

2. 通风施工图

通风施工图也是分为外线和单位工程内部走向图。

外线图阅图时主要掌握了解空调机房的位置,所供空调的建筑是多少。供风管道的走向、架空高度、支架形式、风管大小和保温要求。

审核内容为从供风量及备用量计算风管大小是否合适。风管走向和架空高度与现场建筑物或外界存在的物件有无碰撞的矛盾,周围有无电线影响施工和长期使用、维修。所用保温材料和做法选得是否恰当。

室内通风管道图主要了解单位工程进风口和回风口的位置。回风是地下走还是地上走。还应了解风道的架空标高,管道形式和断面大小,所用材料和壁厚要求。保温材料的要求和做法。管道的吊挂点和吊挂形式及所用材料。

主要审核通风管标高和建筑内其它设施有无矛盾。吊挂点的设置是否足够,所用材料能否耐久。所用保温材料在施工操作时是否方便,还应考虑管道四周有没有操作和维修的余地。通过审核提出修改意见和完善设计的建议,可以使工程做得更合理。

第三节 不同专业施工图之间的校对

要通过施工形成一座完整的房屋建筑,为了使设计的意图能在施工中实现,那么各类专业施工图必须做到互相配合。这种配合既包括设计也包括施工。因此除了各种专业施工图要进行自审之外,各专业施工图之间还应进行互相校对审核。否则很容易在施工中出现这样那样的问题和矛盾。事先在图上解决矛盾有利于加快施工进度,减少损耗,保证质量。

一、土建的建筑施工图与结构施工图的校核

由于建筑设计和结构设计的规范不同,构造要求不同,虽同属土建设计,但有时也会发生矛盾。一般常见的矛盾和需要校对的内容是:

(1) 校对建筑施工图的总说明和结构施工图的总说明,有无统一的地方。总说明的要求和具体每张施工图上的说明要点,有没有不一致的地方。

(2) 校对建筑尺寸与结构尺寸在轴线、开间、进深这些基本尺寸上是否一致。

(3) 校对建筑施工图的标高与结构施工图标高之差值,是否与建筑构造层厚度一致。如某楼层建筑标高为 3.00m,结构标高为 2.95m,其差值为 5cm。从详图上或剖面图引出线上所标出的楼面构造做法,假如为 30mm 厚细石混凝土找平层,20mm 厚 1∶2.5 水泥砂浆面层,总厚为 50mm。那么差值 5cm=50mm 与构造厚度相同,这称为一致,否则为不一致。不一致就是矛盾,就要提请设计解决,这就是校对的作用。

但再进一步的深入,我们有时发现不配合后,假如降低结构标高,而又发生结构构造或其他设施与结构发生矛盾。所以审图必须全面考虑并设想修正的几个方案。

(4) 审核和校对建筑详图和相配合的结构详图,查对它们的尺寸、造型细部及与其它构件的配合。举一个小例子,比如设计的窗口建筑上绘有一周线条的窗套,那么相应查一下窗口上的过梁是否有相应的出檐,可以使窗套形成周圈,否则过梁应加以修改达到一致。

二、土建施工图与其它专业施工图的校对

1. 土建图与电气施工图之间校核

一般民用建筑采用明线安装的线路,仅在过墙、过楼板等处解决留洞问题,其它矛盾不甚明显。而当工程采用暗线并埋置管线时,它与土建施工的矛盾就往往较多发生。比如在楼板内为下层照明要预埋电线管,审图时就应考虑管径的大小和走向所处的位置。在现浇混凝土楼板内如果管子太粗,底下有钢筋垫起,使管子不能盖没,管子不粗但有交错的双层管,也会使楼板厚度内的混凝土难以覆盖。这就要电气设计与结构设计会同处理,统一解决矛盾。在管子的走向上有时对楼板结构产生影响。我们遇到过几种情形都经过商议处理后才解决。一种是管径较粗,管子埋在板跨之中,如图 11-4。

虽然浇灌的混凝土能够盖住,但正好在混凝土受压区,中间放一根薄壁管对结构受力很不利,最后提出意见修改了电气线路图,使问题得到解决。还有一种是管子沿板的支座

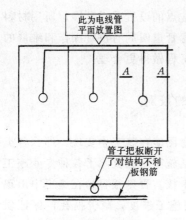

图 11-4 A-A 剖视

走,等于把板根断掉。这对现浇的混凝土板也是不利的,最后也作了修改。再有,管子向上穿过空心板,管子排列太密,要穿过时必然要断掉空心板的肋,切断预应力钢丝,这也是不允许的。这种情况也作了处理才使施工顺利进行。

在砖砌混合结构中,砖墙或柱断面较小的地方,也不宜在其上穿留暗线管道。在总配电箱的安设处,箱子上面部分要看结构上有无梁、过梁、圈梁等构造。管线上下穿通对结构有无影响、需要土建采取什么措施等。

从建筑上来看有些电气配件或装置,会不会影响建筑的外观美,要不要作些装饰处理。

总之以上介绍都属于土建施工图与电气施工图应进行互相校核的地方。

2. 土建与给排水施工图之间的互相校核

它们之间的校核,主要是标高、上下层使用的房间是否相同,管道走向有无影响,外观上作些什么处理等。

如给排水的出、入口的标高是否与土建结构适应,有无相碍的地方;基础的留洞,影响不影响结构;管子过墙碰不碰地梁,这都是给、排水出入口要遇到的问题。

上下层的房间有不同的使用,尤其是住宅商店遇到比较多。上面为住宅的厨房或厕所,下面的位置正好是商店中间部位,这就要在管道的走向上作处理,建筑上应做吊顶天棚进行装饰。审图中处理结合得好的,施工中及完工后都很完美。处理不好或审图校核疏忽,就会留下缺陷。如我们见到过一栋房屋,在验收时才发现一根给水管道由于上下房间不同,在无用水的下层房间边墙正中间一根水管立在那里,损害了房间的完美。后来只能重新改道修正。如果校核时仔细些,就不会使后来出现修改重做的麻烦。

有些建筑,给排水管集中于一个竖向管弄中通过。校核时要考虑土建图上留出的通道尺寸是否足够。如今后人员进入维修,有无操作余地,管道的内部排列是否合理等。通过校核不仅对施工方便,对今后使用也有利。

总之通过校核,可以避免最常见的通病(即管子过墙、过板在土建施工完后开墙凿洞)。达到提高施工水平做到文明施工。

3. 土建与采暖施工图之间的校核

当供暖管道从锅炉房出来后,与土建工程就有关联。一般要互相校核的是:

(1) 管道与土建暖气沟的配合的校对。如管道的标高与暖沟的埋深有无矛盾。再有暖沟进入建筑物时,入口处位置对房屋结构的预留口是否一致,对结构有无影响,施工时会不会产生矛盾等。

(2) 校核采供暖管道在房屋建筑内部的位置与建筑上的构造有无矛盾。如水平管的标高在门窗处通过,会不会使门窗开启发生碰撞。

(3) 散热器放置的位置,建筑上是否留槽,留的凹槽与所用型号、数量是否配合。

其它的如管道过墙、过板的预留孔洞等校核与给、排水相仿。

4. 土建与通风施工图的互相校核

通风工程所用的管道比较粗大,在与土建施工图进行校核时,主要看过墙、过楼板时预留洞是否在土建图上有所标志。以及结构图上有无措施保证开洞后的结构安全。

其次是通风管道的标高与相关建筑的标高能否配合。比如通风管道在建筑吊顶内通过，则管道的底标高应高于吊顶龙骨的上标高，能使吊顶施工顺利进行。再有，有的建筑图上对通风管通过的局部地方未作处理，施工后有外露于空间的现象。审阅校核时应考虑该部位是否影响建筑外观美，要不要建议建筑上采取一些隐蔽式装饰处理的办法进行解决。

我们在施工中也遇到过通风管向室内送风的风口，由于标高无法改变，送风口正好碰在结构的大梁侧面，梁上要开洞加强处理。这个例子说明标高位置的协调很重要，同时也告诉我们在校对时凡发现风管通过重要结构时，一定要核查结构上有没有加强措施。否则就应该作为问题在会审时提出来。

归结起来，作为土建施工人员应能看懂电、水、暖、通的施工图。作为安装施工人员也要能看明白土建施工图的构造。只有这样才能在互相校核中发现问题，统一矛盾。

第四节 图纸审核到会审的程序

施工图从设计院完成后，由建设单位送到施工单位。施工单位在取得图纸后就要组织阅图和审查。其步骤大致是先由各专业施工部门进行阅图自审；在自审的基础上由主持工程的负责人组织土建和安装专业进行交流学图情况和进行校核，把能统一的矛盾双方统一，不能由施工自身解决的，汇集起来等待设计交底；第三步，会同建设单位，约请设计院进行交底会审，把问题在施工图上统一，做成会审纪要。设计部门在必要时再补充修改施工图。这样施工单位就可以按照施工图、会审纪要和修改补充图来指导施工生产了。

其三个不同步骤的内容是：

1. 各专业工种的施工图自审

自审人员一般由施工员、预算员、施工测量放线人员、木工和钢筋翻样人员等自行先学习图纸。先是看懂图纸内容，对不理解的地方，有矛盾的地方，以及认为是问题的地方记在学图记录本上，作为工种间交流及在设计交底时提问用。

2. 工种间的学图审图后进行交流

目的是把分散的问题可以进行集中。在施工单位内自行统一的问题先进行统一矛盾解决问题。留下必须由设计部门解决的问题由主持人集中记录，并根据专业不同、图纸编号的先后不同编成问题汇总。

3. 图纸会审

会审时，先由该工程设计主持人进行设计交底。说明设计意图，应在施工中注意的重要事项。设计交底完毕后，再由施工部门把汇总的问题提出来，请设计部门答复解决。解答问题时可以分专业进行，各专业单项问题解决后，再集中起来解决各专业施工图校对中发现的问题。这些问题必须要建设单位（俗称甲方）、施工单位（乙方）和设计单位（丙方）三方协商取得统一意见，形成决定写成文字称为"图纸会审纪要"的文件。

一般图纸会审的内容包括：

（1）是否无证设计或越级设计，图纸是否经设计单位正式签署。

（2）地质勘探资料是否齐全。

（3）设计图纸与说明是否齐全，有无分期供图的时间表。

（4）设计时采用的抗震烈度是否符合当地规定的要求。

（5）总平面图与施工图的几何尺寸、平面位置、标高是否一致。

（6）防火、消防是否满足。

（7）施工图中所列各种标准图册，施工单位是否具备。

（8）材料来源有无保证，能否代换；图中所要求的条件能否满足；新材料、新技术、新工艺的应用有无问题。

（9）地基处理的方法是否合理，建筑与结构构造是否存在不能施工，不便施工的技术问题，或容易导致质量、安全、工期、工程费用增加等方面的问题。

（10）施工安全、环境卫生有无保证。

在"图纸会审纪要"形成之后，学图、审图工作算基本告一段落。即使以后在施工中再发现问题也是少量的了，有的也可以根据会审时定的原则，在施工中进行解决。不过学图、审图工作不等于结束，而是在施工生产过程中应不断进行的工作，这样才能保证施工质量和施工进度的正常进行。

我们认为作为一名施工人员，应该具备解决施工图纸上出现的一般问题，不能一看到问题就找设计部门，这也是我们施工人员施工经验的多少及施工技术能力水平的反映。作为施工人员应达到具备解决这些问题的能力和水平。

第十二章 绘制施工图的知识

绘制施工需用的土建或安装的施工用图，这也是在施工工作中经常遇到的事。如木工的支模图、钢筋施工大样图、细木装饰详图以及施工技术交底时需附的图样，在施工组织设计中要绘制总平面布置图等等。因此在这一章中介绍一些绘图知识，作为看懂施工图纸后用于施工实际的动手本领。对于初学识图的读者，再通过绘图入门知识的学习，自行动手模仿绘制图纸，慢慢地就可以掌握绘制施工图的技术了。但在这里我们不准备将制图规范等知识系统介绍，只是介绍一般初浅技术知识。

第一节 绘图需用的工具介绍

1. 绘图板

图板是画图时把图纸放在上面可以绘画用的木板。板面是用五夹板制成，表面磨光，做到平滑。上下两层板面中有木筋做栅格，四周镶上木边，将板面胶贴在其上，做成一块图板。

图板的大小根据图纸型号的大小约分成三种。大号的能放下 A0 号图纸，中、小号的可放 A2～A4 号图纸。形状如图 12-1 所示。

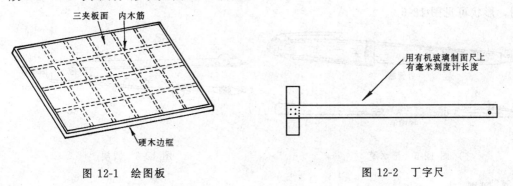

图 12-1 绘图板   图 12-2 丁字尺

2. 丁字尺

丁字尺形状如 T，故称丁字尺。它是放在画板上为绘制水平线用的。它有木制的、塑料的或有机玻璃的。尺头丁字交处必须达到 90 度直角准确。尺的大小以长向的长短而定。是根据已有图板的尺寸来选购合适的丁字尺。购买时可用精确的金属角尺来检验其丁字头交角的垂直度。尺的形状如图 12-2 所示。

3. 三角板

三角板是配合丁字尺绘画竖直方向的线条或斜向线条的工具。有用塑料或有机玻璃制成。三角板一般是两块成一付出售，一块是两只 45°等腰直角三角形，一块是 60°和 30°两只锐角和一只 90°直角组成的直角三角形。使用时根据需要选用一块配在丁字尺上应用，形状见图 12-3 所示。

4. 三棱比例尺

它是用来绘图时放大或缩小尺寸用的。该比例尺有三个面三条棱,一条棱的两侧有二个比例的刻度。一般比例尺上常见刻划的比例有:1:100、1:200、1:300、1:400、1:500、1:600,形状可见图 12-4。

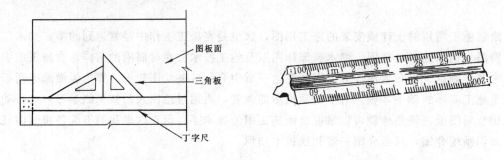

图 12-3 三角板　　　　　　　　　　图 12-4 比例尺

5. 铅笔和橡皮

铅笔是画线条底稿用的,橡皮是擦铅笔痕用的。铅笔应选用 H 和 2H 硬度的铅芯。如果铅笔线图纸直接用于施工,那么再可用 B 或 2B 的铅芯铅笔加浓,达到图纸清楚。橡皮选用白色软橡皮为宜。

6. 画图用的墨水笔

这是在铅笔底线图上加墨线用的绘图笔。有鸭嘴笔及针管笔两种,针管笔能像普通钢笔那样吸墨水及在笔内储存墨水。笔型分为粗、中、细三种。一般装成一盒,便于装带和应用,形状可见图 12-5。

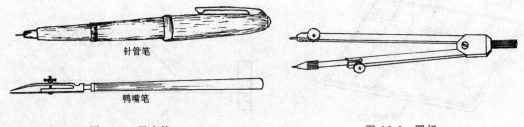

图 12-5 墨水笔　　　　　　　　　　图 12-6 圆规

7. 圆规

绘制圆形或弧度用的工具。它由两支组成,一支端头为针尖,用以固定圆心位置的,另一支端头可装铅笔或墨水鸭嘴笔。绘图时一支用针尖定下中心,另一支以此画出弧度或圆,形状见图 12-6。

8. 绘图黑墨水

如果图纸要晒成蓝图的,那么图线必须用黑墨水在铅笔底线上描深成墨线图。黑墨水一般有碳素墨水和绘图墨水两种。其中以绘画墨水为佳,它含有胶质,不易受水潮湿后化去线痕。

9. 绘图纸

凡白色纸张均可绘图,但是如果要晒成蓝图的图纸,绘图时一定要用透明的硫酸纸,否则晒图时光线无法透过。作为一般使用的图纸可以用白色质地牢些的（如道林纸）纸张，用铅笔或墨线笔绘制图纸。

第二节 绘图的步骤

一、准备工作

要画好一张图纸，先要对要绘制的内容进行熟悉。如翻绘一张大样图，就先要把原图上的线条、符号、数字等弄清楚。还应了解与该原图有关的其它图纸的一些内容，这样对绘制图样是有帮助的。

要有一个制图环境，如有一个比较安静的房间及适宜的工作台、制图板、绘图纸，室内光线要充足等。然后将有关资料或图纸放在手边，以致连铅笔也要削好几支备用，这样画图时才能比较顺手，工作效率也较高。

二、确定比例合理布图

在绘图准备充分后，绘图纸已铺好在图板上面，这下一步是如何绘铅笔底线图了。如果照搬原图，大小只是翻制，那比较简单，照画就行。如果需要放大或缩小比例，那么就要根据需绘成新的图纸的大小来选比例，所选的比例必须使绘好的图在图纸上能容下而且四边留有余地。

比如我们将标准图集上的图纸，放大成容易看清的比较大的图面。假如放大四倍，这时可先量一量原图上 1cm 长代表多少实际尺寸，然后用 4cm 来代表原图上表示的尺寸，那么就等于放大了四倍。如果原图采用的比例是 1∶20，那么我们在绘制的图上就采用 1∶5 的比例。有了确定的比例，绘图时就可以用三棱比例尺在图上量尺寸了。

要画的图形大小在按多少比例绘制确定好后，绘画时还得考虑如何把图面在图纸上布放得适宜。图面在图纸上布得匀称，这也是一种艺术美，并且图线要粗细分明，轮廓清晰，所以图面质量也反映出一个人的制图水平。布图的格局大致如图 12-7 所示。

三、定出绘图基线

在确定比例，考虑好布图位置之后，就要正式下笔绘图。这时就要确定布图的部位，先在图纸上画出纵横两条细线，作为画图时的基线。绘制平面图时，一般取最边上的轴线做

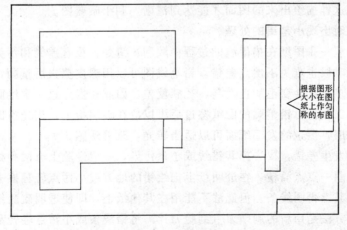

图 12-7 布图格局示意

基线。绘立面图时，取室外地坪线及一侧山墙线作基线。图12-8所示为绘平面图选用轴线为基线的形式。

画线时，水平线一般用丁字尺作为划线的尺子；竖直线一般用三角板的一条直角边划线，另一条直角边贴在丁字尺的一边上。

四、画出铅笔底图

第四步工作是在画好基线的基础上，一步一笔地画出铅笔线的底图。

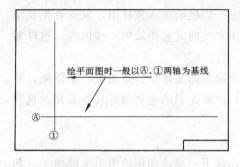

图12-8 定出绘图基线　　　　　　　　图12-9 绘平行轴线

当绘制平面图时，绘好基准线后，还得将平行的轴线绘好，形成如图12-9所示的网状。再在轴线位置上根据房屋构造画出墙或柱……等的图形，形成一张底线图。底线图画好之后先应进行检查，经查无误后才可以用墨线笔描图加深成正式图纸。

五、画出墨线正式图

上墨线之前要将图纸表面用软毛刷（或油漆工用的排笔）或软布把纸上的铅笔屑、橡皮擦下来的污屑等清理干净。这样上墨线时，墨线笔划线可以流畅，不致被污屑拖带破坏图面。上墨线时心中先应筹划一番，先描绘哪些线条，后画哪些部位。一般的程序是先上后下，先左后右地移动丁字尺、三角板，按底线描上墨线。线条要根据图形要求描出粗、细、虚、实的墨线，使图面干净、清晰。

描绘时还应注意观察先描的地方墨水是否已经干了。未干时不能急于去描交错的线条。描绘时移动丁字尺或三角板一定要细心，不小心有时会由尺边把墨线拖带出来，形成水帘似的墨痕污染图面，严重的污染甚至可使已绘的图前功尽弃。所以绘制墨线图一定要有耐心，画时要细心。这样描绘出来的图面才能达到清晰，利于晒蓝图。

六、图画绘制时出现小差错的处理

总的说我们希望一张图纸在描墨线的过程中顺利、清楚，没有差错和污染。但在图面较大，线条较多的时候也难免不出点差错。铅笔线图可以用橡皮擦去后重画，但一般也只能擦一、二次。擦多了纸会变毛颜色发乌，观感就差。因此在发生过一次绘画错误后，最好记住别再发生第二次。对铅笔画的图纸擦过后可以放在玻璃板上，用光滑圆润的东西对擦过的地方略加搓磨，擦过的发毛纸面可以适当转光，改善观感。

如果是墨线图发生差错，要去掉其错线或小量污染，一般经验上有两种处理办法。一种是用干净白橡皮蘸一点点酒精，在透明纸上把绘错的地方或小污点轻轻擦去。酒精易于挥发，干后仍可在其上再画线条。但此法不能用在其他纸上，即使透明硫酸纸也只能处理一、二次。另一种方法是用新的剃须刀（刮脸刀片）将错线条或小污点轻轻刮去，即把纸面上极薄的一层连同画错或污染的墨迹刮掉，然后在刮掉的地方用光滑圆润的东西在纸面上按摩一番,使纸面恢复光洁后仍可再在其上绘图画线。但这样的处理也仅能进行一次,最多两次,否则纸就破了,全图作废。

总之,图面的差错和污染进行处理是万不得已的事,要绘好一张图纸,关键是检查好底稿铅笔线,再加上描绘细心才是根本的要领。

参 考 文 献

1. 刘敦桢主编. 中国古代建筑史. 第一版. 北京：
中国建筑工业出版社，1980
2. 陈志华著. 外国建筑史（19世纪末叶以前）. 第一版. 北京：
中国建筑工业出版社，1979
3. 杨天佑编著. 建筑装饰工程施工. 第一版. 北京：
中国建筑工业出版社，1994
4. 李祯祥主编. 房屋建筑学（上册）. 第一版. 北京：
中国建筑工业出版社，1991